图1-1 马唐

图1-2 旱稗

U0298235

图1-3 繁缕

图1-4 小蓟

图 2-1 棉蚜为害棉苗

图 2-2 棉蚜及为害状

图 2-3 受菜豆根蚜为害的棉苗

图 2-4 无翅成蚜在棉苗根部吸取汁液

图 2-5 小地老虎成虫

2

图 2-6 小地老虎幼虫

图 2-7 小地老虎幼虫及为害状

图 2-8 黄地老虎成虫

图 2-10 黄地老虎幼虫

图 2-9 黄地老虎蛹

图2-11 棉叶螨

图2-12 棉叶螨危害状

图2-13 沟金针虫幼虫

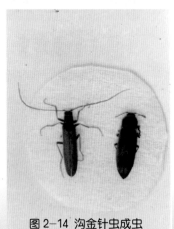

图2-14 沟金针虫成虫

图 2-15 褐纹金针虫幼虫

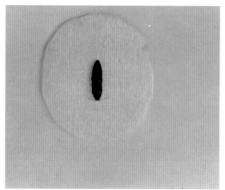

图 2-16 细胸金针虫成虫

图 2-17 细胸金针虫幼虫

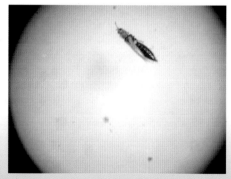

图 2-18 棉蓟马放大状

图 2-19 蓟马为害状

图 2-20 蜗牛成虫

图 2-21 华北蝼蛄成虫

图 2-22 东方蝼蛄成虫

6

图 2-23 大黑金龟子

图 2-24 金龟子幼虫

图 2-25 棉盲蝽为害幼蕾状

图 2-26 棉盲蝽为害植株状

图 2-27 绿盲蝽成虫

图 2-28 三点盲蝽成虫

图 2-29 中黑盲蝽成虫

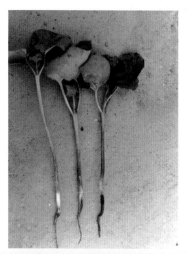

图 2-30 棉苗炭疽病

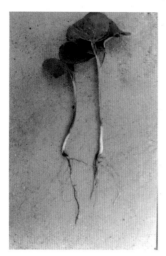

图 2-31 棉苗红腐病

图 2-32 棉苗猝倒病

图 2-33 棉褐斑病

图 2-34 棉苗疫病

图 2-35 牛筋草

图 2-36 狗尾草

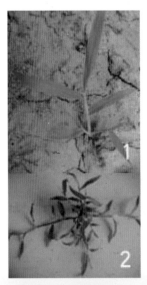

图 2-37 狗牙根

图 2-38 反枝苋

图 2-39 藜

图 2-40 鳢肠

图 2-41 马齿苋

图 3-1 棉铃虫成虫

图 3-2 棉铃虫卵

图 3-3 棉铃虫蛹

图 3-4 棉铃虫黄白色型

图 3-5 棉蕾受害状

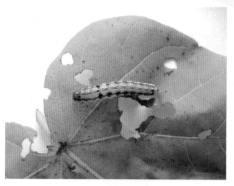

图 3-6 棉铃虫淡红色型

图 3-7 棉铃虫淡绿色型

图 3-8 棉铃虫黑色型

图 3-9 棉铃虫幼虫绿色型

图 3-10 棉铃虫棕褐色型

图 3-11 棉蕾受害状

图 3-12 棉蕾严重受害状

图 3-13 红铃虫成虫

图 3-15 玉米螟成虫

图 3-14 玉米螟卵块

图 3-16 玉米螟幼虫为害叶柄

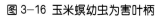

图 3-17 棉小造桥虫幼虫

15

图 3-18 棉大造桥虫

图 3-19 棉大卷叶螟为害状

图 3-20 棉大卷叶螟蛹

图 3-21 斜纹叶蛾卵块

图 3-22 斜纹夜蛾幼虫

图 3-23 甜菜叶蛾成虫

图 3-24 甜菜夜蛾卵块

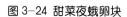

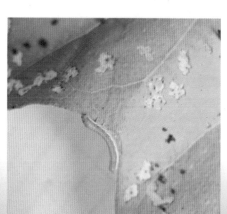

图 3-25 甜菜夜蛾幼虫

图 3-26 棉大灰象甲

图 3-27 棉尖象甲

图 3-28 棉叶蝉若虫

图 3-29 棉叶蝉成虫

图 3-30 美洲斑潜蝇幼虫

图 3-31 美洲斑潜蝇为害状

图 3-32 棉粉虱成虫

图 3-33 烟粉虱若虫

图 3-34 鼎点金刚钻

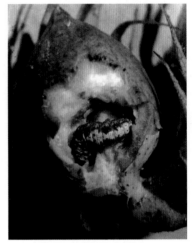

图 3-35 翠纹金刚钻幼虫及为害状

图 3-36 龙葵

图 3-37 铁苋菜

图 3-38 苘麻

图 3-39 香附子

图 4-1 棉铃虫为害花

图 4-2 棉铃虫为害状

图4-3 蓟马为害花状

图4-4 烟粉虱为害状

图4-5 绿盲蝽幼虫为害幼蕾状

图4-6 绿盲蝽为害花状

图 4-7 棉铃红粉病

图 4-8 棉铃软腐病

图 4-9 棉铃曲霉病

图 4-10 田旋花

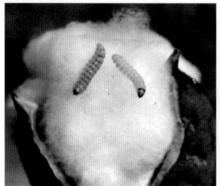

图 5 红铃虫幼虫为害棉絮

图 7-1 七星瓢虫成虫

图 7-2 七星瓢虫卵

图 7-3 七星瓢虫幼虫

图7-4 龟纹瓢虫成虫

图7-5 龟纹瓢虫卵

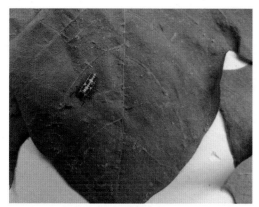

图7-6 龟纹瓢虫幼虫

图7-7 中华草蛉成虫

图 7-8 中华草蛉卵

图 7-9 中华草蛉幼虫

图 7-10 大草蛉成虫

图 7-11 大草蛉卵

图 7-12 大草蛉幼虫

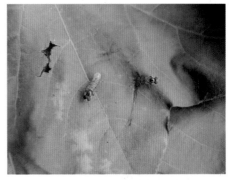

图 7-13 黑带食蚜蝇成虫

图 7-14 黑带食蚜蝇蛹

图 7-15 黑带食蚜蝇幼虫

图 7-16 小花蝽成虫

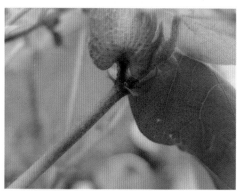

图 7-17 小花蝽若虫

图 7-18 大眼蝉长蝽

图 7-19 棉铃虫齿唇姬蜂

图 7-20 螟蛉玄茧蜂的茧

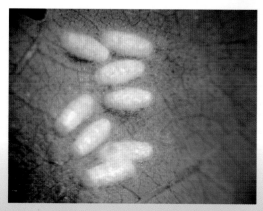

图 7-21 绒茧蜂的茧

图 7-22 僵蚜

图 7-23 蚜茧蜂成虫

图 7-24 小黑蛛成虫

图 7-25 小黑蛛卵囊

图 7-26 三突
花蟹蛛黄色型

图 7-27 三突
花蟹蛛绿色型

31

图 7-28 茶色新园蛛

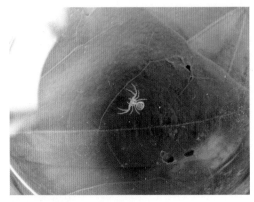

图 7-29 直伸肖蛸成虫

图 7-30 T-纹豹蛛及其
初孵若虫

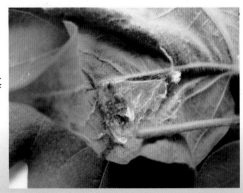

棉花生长关键期病虫草害
防治技术

主 编

雒珺瑜　马　艳　简桂良

副主编

崔金杰　马小艳

编著者

马　艳　马小艳　王春义　张　帅

吕丽敏　崔金杰　简桂良　雒珺瑜

金盾出版社

内 容 提 要

本书是由中国农业科学院棉花研究所、中国农业科学院植物保护研究所多年从事棉花病虫草害综合防治工作的多位专家编写。本书的特点是结合棉花播种前、苗期、蕾期、花铃期、吐絮期和收获后6个关键生长时期棉花的特点，介绍相应阶段棉花病虫草害的防治技术，并介绍了棉田主要天敌的保护和利用情况。该书内容丰富，包括不同时期害虫、病害、草害的识别和最新防治技术，并配有棉花害虫、病害、杂草和天敌的彩色照片，图文并茂，便于阅读者识别病虫草害的特征和危害状。本书在编写上力求通俗易懂，简单实用。本书适用于广大棉农、专业技术人员、农技推广人员等阅读使用。

图书在版编目(CIP)数据

棉花生长关键期病虫草害防治技术/雒珺瑜，马艳，简桂良主编. -- 北京：金盾出版社，2012.10
ISBN 978-7-5082-7804-9

Ⅰ.①棉… Ⅱ.①雒…②马…③简… Ⅲ.①棉花—病虫害防治②棉花—除草 Ⅳ.①S435.62②S45

中国版本图书馆 CIP 数据核字(2012)第 176761 号

金盾出版社出版、总发行
北京太平路5号(地铁万寿路站往南)
邮政编码：100036 电话：68214039 83219215
传真：68276683 网址：www.jdcbs.cn
封面印刷：北京印刷一厂
彩页正文印刷：北京燕华印刷厂
装订：北京燕华印刷厂
各地新华书店经销
开本：850×1168 1/32 印张：8 彩页：32 字数：165千字
2012年10月第1版第1次印刷
印数：1～8 000 册 定价：17.00 元

前　言

　　棉花是我国重要的经济作物。我国是世界上棉花种植面积最大的国家之一,常年棉花面积 500 万公顷,占全世界的 13%～14%,是仅次于美国和印度的第三大国;棉花总产量 700 多万吨,是全世界棉花总产最多的国家;平均单产 1 270 千克/公顷,是世界产棉大国中平均单产最高的国家,比世界平均单产高约 60%,位居世界最大的 5 个产棉大国之首。我国主要植棉区农业人口达 2 亿之多,直接从事棉纺及相关行业人员达 1 900 多万人,间接就业人员达到 1 亿人左右。2010 年我国纺织服装出口约 1 712 亿美元,约占全国商品出口的 14.1%。

　　加入世界贸易组织后,我国棉花消费量激增,如 2005 年我国原棉产量 570 万吨,纺织企业用棉量却达 970 万吨,缺口 400 万吨,约占我国原棉总产量的 70%;2008 年和 2009 年我国原棉进口均在 300 万吨以上。预计 2015 年棉花需求增长到 1 300 万吨,原棉缺口进一步扩大,供需矛盾更为突出。

　　棉花从出苗到收获,各个生育阶段都会受到多种病虫草的危害,每年造成产量损失达 15%～20%,严重危害年份可达 50% 以上。有效地防控病虫草对棉花的危害,已成为保障棉花高产、优质的关键措施之一。因此,广大棉农和棉区基层农业技术人员迫切需要掌握棉花病虫草害的识别和综合防控技术,以解决生产中遇到的有关实际问题。

　　为了推广棉花病虫草害综合防治技术,我们根据自己多年的工作实践,结合国内外的研究成果,编写了以广大棉农和基层农技推广人员为主要阅读对象的《棉花关键生长期病虫草害防治技术》一书。我国棉区的地域辽阔,各地病虫害的情况也千差万别。本书介绍了棉花播种前、苗期、蕾期、花铃期、吐絮期和收获后 6 个棉花关键生长期棉花不同的病虫草害种类及发生规律、危害特点及防治技术，对棉田主要的天敌进行了介绍，本书配有棉花害虫、病害、杂草和天敌的彩色图片 127 幅，图文并茂，便于阅读者的识别和应用。

　　本书编写过程中，中国农业科学院植物保护研究所简桂良研究员和河南农业科学院植物保护研究所马奇祥研究员提供部分病害和虫害的照片，谨表衷心感谢。由于作者水平有限，错误、疏漏之处在所难免，敬请广大读者批评指正。

编著者

目　录

第一章　播种前主要病虫草害防治 …………………… (1)

　一、棉花害虫 …………………………………………… (2)

　　(一)主要害虫种类 …………………………………… (2)

　　(二)害虫发生特点 …………………………………… (2)

　　(三)关键防治技术 …………………………………… (5)

　二、棉花病害 …………………………………………… (7)

　　(一)主要病害种类 …………………………………… (7)

　　(二)主要病害发生规律 ……………………………… (8)

　　(三)病害危害特点 …………………………………… (9)

　　(四)病害关键防治技术 ……………………………… (9)

　三、棉花草害 ………………………………………… (10)

　　(一)主要草害种类 ………………………………… (10)

　　(二)主要草害发生特点 …………………………… (10)

　　(三)主要草害关键防治技术 ……………………… (14)

第二章　苗期主要病虫草害防治 ………………… (29)

　一、棉花生长特点 …………………………………… (29)

　二、棉花害虫 ………………………………………… (29)

　　(一)主要害虫种类 ………………………………… (29)

　　(二)主要害虫发生特点与防治 …………………… (30)

　三、棉花病害 ………………………………………… (65)

　　(一)主要病害种类 ………………………………… (65)

　　(二)病害发生规律和危害特点 …………………… (66)

　　(三)关键防治技术 ………………………………… (70)

　四、棉花草害 ………………………………………… (72)

　　(一)主要草害种类 ………………………………… (72)

（二）主要草害发生、分布和危害 ……………………（73）

（三）关键防治技术 ……………………………………（79）

第三章　蕾期主要病虫草害防治 …………………（84）

一、棉花生长特点 …………………………………………（84）

二、棉花害虫 ………………………………………………（85）

（一）主要害虫种类 ………………………………………（85）

（二）主要害虫发生规律、危害特点及防治 …………（85）

三、棉花病害 ……………………………………………（129）

（一）主要病害种类 ……………………………………（130）

（二）主要病害发生规律 ………………………………（130）

（三）主要病害危害特点 ………………………………（134）

（四）主要病害关键防治技术 …………………………（135）

四、棉花草害 ……………………………………………（136）

（一）主要草害种类 ……………………………………（136）

（二）主要草害发生、分布及危害 ……………………（137）

（三）关键防治技术 ……………………………………（140）

第四章　花铃期主要病虫草害防治 ………………（143）

一、棉花生长特点 ………………………………………（143）

二、棉花害虫 ……………………………………………（144）

（一）主要害虫种类 ……………………………………（144）

（二）主要害虫发生规律、危害特点及防治 …………（144）

三、棉花病害 ……………………………………………（151）

（一）主要病害种类 ……………………………………（151）

（二）主要病害发生规律 ………………………………（152）

（三）主要病害危害特点 ………………………………（156）

（四）关键防治技术 ……………………………………（160）

四、棉花草害 ……………………………………………（164）

（一）主要草害种类 ……………………………………（164）

（二）主要草害发生、分布及危害 ……………………… （164）

（三）关键防治技术 ……………………………………… （165）

第五章　吐絮期主要病虫草害防治 …………………… （166）

一、棉花生长特点 ………………………………………… （166）

二、棉花害虫 ……………………………………………… （167）

（一）主要害虫种类 ……………………………………… （167）

（二）主要害虫发生、危害特点及防治技术 …………… （167）

三、棉花病害 ……………………………………………… （169）

（一）主要病害种类 ……………………………………… （169）

（二）主要病害发生规律 ………………………………… （169）

（三）主要病害危害特点 ………………………………… （171）

（四）关键防治技术 ……………………………………… （172）

第六章　收获后主要病虫草害防治 …………………… （173）

一、棉花虫害防治 ………………………………………… （173）

二、棉花病害防治 ………………………………………… （174）

第七章　棉田天敌 ……………………………………… （175）

一、七星瓢虫 ……………………………………………… （175）

二、龟纹瓢虫 ……………………………………………… （177）

三、异色瓢虫 ……………………………………………… （179）

四、深点食螨瓢虫 ………………………………………… （180）

五、中华草蛉 ……………………………………………… （181）

六、大草蛉 ………………………………………………… （183）

七、叶色草蛉 ……………………………………………… （186）

八、食蚜蝇类 ……………………………………………… （186）

九、小花蝽 ………………………………………………… （189）

十、大眼蝉长蝽 …………………………………………… （191）

十一、食虫齿爪盲蝽 ……………………………………… （192）

十二、华姬猎蝽 …………………………………………… （192）

十三、棉铃虫齿唇姬蜂 ………………………………… (193)

十四、螟蛉悬茧姬蜂 …………………………………… (195)

十五、卷叶虫绒茧蜂 …………………………………… (196)

十六、棉蚜茧蜂 ………………………………………… (197)

十七、多胚跳小蜂 ……………………………………… (200)

十八、草间小黑蛛 ……………………………………… (201)

十九、三突花蟹蛛 ……………………………………… (202)

二十、茶色新圆蛛 ……………………………………… (204)

二十一、T—纹豹蛛 …………………………………… (205)

二十二、直伸肖蛸 ……………………………………… (206)

二十三、拟宽腹螳螂 …………………………………… (207)

二十四、寄生菌类（蚜霉菌、白僵菌、绿僵菌等）………… (208)

第一章 播种前主要病虫草害防治

棉花的生长期长,发生的害虫种类多,我国棉花害虫有300余种,常年造成危害的有30余种。随着生产条件的不断改善,耕作制度、栽培管理水平和种植品种的改进和提高,特别是转Bt基因、转Bt+CpTI基因抗虫棉的大面积推广种植,棉铃虫等鳞翅目害虫得到有效控制,但棉田害虫的地位发生演变,害虫的种类和危害程度也发生变化,有些害虫的发生危害减轻,有些害虫的危害呈加重的趋势。

棉花是一种喜温、喜光、耐盐碱性较强的经济作物,棉花从种子萌发开始,一生要经历播种出苗期、苗期、蕾期、花铃期、吐絮期等5个生育时期,每个时期不仅都有其他特殊的生长发育特点,对温度、光照、养分、水分、土壤等外界环境的要求有所不同;不同的环境条件和生长时期,病虫草害的发生种类和危害程度不同,因此了解棉花的生育特点及各个生育期对环境条件的要求,结合棉花不同生育期病虫草害发生的特点,对于制定相应的病虫草害防治策略,并坚决贯彻"预防为主,综合防治"的方针,协调运用各种行之有效的技术措施,将主要病虫草危害控制在经济危害允许损失水平以下,对于获得最大的经济效益、生态效益和社会效益具有重要的意义。

棉花播种前,棉田土壤中存在一些棉花致病菌、越冬的主要害虫及冬季休眠的草籽等,因此,棉花播前对棉田的主要病、虫、草害进行预防性的前期处理非常重要。从播种开始就要紧紧落实好每个防治关键环节,特别是用药技术环节。

一、棉花害虫

(一)主要害虫种类

长江流域棉区和黄河流域棉区棉花种植方式十分复杂和多样化,除直播外还有与多种作物的间作套种形式如油棉、蒜棉、菜棉、瓜棉、麦套等,目前兴起和发展的新的栽培模式包括麦后移栽、麦后直播、油后直播等。棉田害虫主要以冬季在棉田土壤、残枝落叶、残留的种子中越冬的虫卵、幼虫、蛹和成虫,主要害虫有红铃虫、红蜘蛛(棉叶螨)、棉蚜、棉蓟马、棉盲蝽、地老虎、金龟子和金针虫等。苗床害虫主要是棉叶螨、棉盲蝽和棉蓟马等。

(二)害虫发生特点

1. 红铃虫

红铃虫以老熟幼虫在仓库、棉子和枯铃内过冬,这三处场所占越冬虫数的比例常年在 80％、15％和 5％左右。越冬虫数每年随收花期间的气候情况而有变化,如遇多雨、低温,则棉子和枯铃里含虫量就增加;若天气干旱、高温,则棉子和枯铃内含虫量就少,而子棉里含虫量增多。子棉里过冬的红铃虫随着棉花的收、晒、贮、轧等工作,将大批幼虫分散到棉仓、轧花厂以及收、晒花用具等处潜伏结茧过冬,室外晒场附近虽有少量幼虫逃避到沟渠或土缝内,经过冬春低温、雨湿,亦不能存活过冬。南方棉区虽然室外枯铃也有一定数量的虫源,但主要过冬虫源仍以室内为主。因此,开展室内防治是防治越冬红铃虫的重点,特别是棉子内的越冬幼虫是红铃虫扩大传播的重要渠道,如果种子要调到无红铃虫地区,必须严加处理,以杜绝虫源。越冬幼虫在气温达 20℃左右开始化蛹,24℃～25℃羽化。成虫在前半夜活动,交配后飞到棉株上产卵。

2. 棉叶螨　棉花叶螨在北方棉区雌成虫于 10 月中下旬开始群集在向阳处枯叶内、杂草根际及土块,树皮缝隙内潜伏越冬。南方棉区,除以成虫和卵在上述场所越冬外,若有气温升高天气时,可以在杂草、绿肥、蚕豆、豌豆等寄主上繁殖过冬。主要的越冬寄主有:婆婆纳、地黄、苦卖菜、旋花、蒺藜、苍耳、通泉草、夏至草、蒲公英、紫花地丁、艾蒿、豌豆、蚕豆、苕子、苜蓿、桑树、枸树和刺槐等。

棉花叶螨越冬后,一般于 2 月下旬至 3 月上旬开始活动取食,先在越冬寄主上繁殖 1～2 代,棉苗出土后即迁移到棉花上危害,直到棉花拔秆,危害期长达 5 个多月。每年发生代数,随各地气候而异。黄河流域棉区 1 年发生 12～15 代;长江流域棉区约 18～20 代;华南棉区 20 代以上。叶螨在我国大部分地区以雌成螨越冬。北方棉区成雌螨在 10 月下旬在土缝枯枝落叶、杂草根部越冬。长江流域在 11 月中旬雌成螨在 11 月中旬在越冬作物根基部或其他部位越冬,也可以卵或若螨在树皮田边杂草上越冬。在海南岛地区基本不越冬,在冬季作物上不断繁殖。

3. 棉蚜　棉蚜的寄主植物很多,全世界已知有 74 科 280 多种植物。我国已记载的有 113 种寄主植物,大致可分为越冬寄主(第一寄主)和侨居寄主(第二寄主)两类。越冬寄主主要有鼠李、花椒、木槿、石榴、黄荆、冻绿、水芙蓉、夏枯草、蜀葵、菊花、车前草、苦菜、益母草等。棉蚜深秋产卵在越冬寄主上(木本植物多在芽内侧及其附近或树皮裂缝中,草本植物多在根部)越冬。翌年春天气温上升到 6℃时(长江流域约在 3 月间,辽河流域约在 4 月间)开始孵化为干母,12℃时开始胎生无翅雌蚜,称为干雌。干雌在越冬寄主上胎生繁殖若干代后产生有翅胎生雌蚜,称为迁移蚜,向刚出土的棉苗和其他侨居寄主迁移,时间在 4 月下旬至 5 月上旬。迁移蚜胎生出无翅和有翅胎生雌蚜,俗称侨居蚜,在棉蚜和其他侨居寄主上危害和繁殖,有翅蚜在田间迁飞扩散。

4. 蓟马　华南地区该虫无明显越冬期，多以成虫或若虫在棉田土缝里或未收获的葱、蒜叶鞘及杂草残株上越冬，少数以蛹在土中越冬。春季葱、蒜返青开始恢复活动，危害一段时间后，便飞到棉花等作物上危害繁殖。

5. 棉盲蝽　棉盲蝽以卵在苜蓿、苕子、蚕豆、石榴、木槿、苹果、蒿类等的断枝、残茬中以及棉花的断枝和枯铃壳内越冬。在长江流域以卵和成虫越冬。3月下旬至4月初，当5日平均温度达10℃时越冬卵开始孵化，先在越冬寄主上危害，完成一代后，到6月份陆续迁入棉田。在河南，3月下旬卵开始孵化，第一代若虫主要危害苜蓿和豆类作物，5月初羽化为成虫，多产卵在苜蓿花蕾丛生缝隙中或嫩茎及蕾内。

6. 地老虎　地老虎的越冬习性较复杂。黄地老虎和警纹地老虎均以老熟幼虫在土下筑土室越冬。白边地老虎则以胚胎发育晚期而滞育的卵越冬。大地老虎以三至六龄幼虫在表土或草丛中越夏和越冬。小地老虎越冬受温度因子限制：1月份0℃（北纬33°附近）等温线以北不能越冬；以南地区可有少量幼虫和蛹在当地越冬；而在四川则成虫、幼虫和蛹都可越冬。

7. 金龟子　以成虫在土种越冬，越冬幼虫可随着土壤湿度的变化在土中上下移动，最适土温为13℃～18℃，所以幼虫在5月间危害棉苗最重。在水浇地、沙壤土，低湿地段以及前茬作物为大豆的地段受害较重。成虫昼伏夜出，危害棉苗，但不严重。成虫有趋光性和假死性，夜间8～9时交尾，雌成虫产卵于隐蔽、松软而湿润的土壤中，卵散产或成堆产在10～15厘米深的土内，每头雌成虫平均可产卵193粒。初孵幼虫以腐殖质为食，长大后啃食幼苗嫩根的幼芽。近年华北地区棉田发生严重，常造成棉苗生长点被害或棉叶破损。均以成虫或幼虫在土中20～40厘米深处越冬。翌年越冬成虫在10厘米地温达14℃～15℃时开始出土危害。

8. 金针虫　沟金针虫以幼虫或成虫在地下越冬。春季地温在 5℃～6℃时越冬幼虫即开始上移,8℃～10℃时全部上移到表土层,直到 5 月下旬,活动的温度范围为 12.5℃～24.8℃,部分表层幼虫进入危害期

细胸金针虫据陕西研究,越冬成虫在厘米地温(下同)7.6℃～11.6℃(3 月上中旬)时开始出土活动,15.6℃(4 月中下旬)时达活动高峰,4 月下旬开始产卵,5 月上旬产卵盛期,5 月中旬开始孵化,取食作物根部。卵散产于表土层,每头雌虫可产卵 16～74 粒,分批产下。

(三)害虫关键防治技术

此期应抓好土壤、种子、肥料、药剂、管理等各个环节,改善苗期生长发育条件,促进棉花全苗 提高棉苗素质。

1. 选用抗病虫品种 此期正是棉农备播阶段,选用良种十分关键,棉农一定要到正规的种子经营单位购买正规品牌的优质抗虫棉种子。阳光允足的情况下,晒子 2～3 大打破种子休眠,增强种子活力,对种子进行严格筛选,去除杂质、破子、瘪子,保证棉花种子的健子率,为病虫害的防治提供保障。

2. 药剂处理 棉农购买的种子多数为包衣种子,如果购买的种子为毛籽,应在棉花播种前做好种子药剂拌种工作,直播田用 6%辛硫磷或 3%甲基异硫磷颗粒剂均匀撒于地表,然后翻入耕作层,可防治地下害虫;对地下害虫发生重的地块用 2.5%适乐时和 40%甲基异硫磷按 1:1 混合进行药剂拌种;用 70%高巧或快胜(种子重量的 0.4%～0.5%)进行种子处理,防治苗蚜发生。

3. 整地备播

(1)合理轮作 长江流域棉区重病田与水稻轮作 2～3 年,黄河流域棉区棉花与禾本科作物和豆科作物进行轮作,可减少田间菌量,减轻病害的发生。

(2)土地精耕细整 土地要进行深耕细耙,使土地平整,土壤

细碎,上虚下实,且播种时墒情适宜,营养钵育苗要对钵土进行消毒。

(3)平衡施肥 做到氮磷钾三元素配施,同时化肥与有机肥配施,以改善土壤质量,增强土壤肥力,促进棉花全苗壮苗。

(4)适期播种,提高播种质量 5厘米地温稳定在14℃以上,播种深度均与一致,地膜棉2厘米,露地棉3厘米左右,黏重土壤稍浅一些,砂性土壤稍深一些。

4. 农业措施

(1)清理田园 棉花红铃虫、红蜘蛛、蚜虫、蓟马、盲蝽等,可在棉田遗留的枯枝、落叶、落铃及杂草上越冬,彻底清除枯枝、落叶、落铃,铲除棉田四周的杂草,可有效清除上述越冬害虫。清除物要集中起来,及时烧毁或深埋沤肥。

(2)深翻土壤 棉铃虫、地老虎、斜纹夜蛾、造桥虫等在土壤中越冬,可实施翻土杀灭。翻土要求深度为30~40厘米,把表土翻到下面,底土翻到上面,翻起的大土块暂不打碎,以利于冬季风化。

(3)灌水杀虫 在翻土的基础上进行灌水,可较彻底地杀死土壤中越冬的害虫。灌水宜在"三九"天进行,要灌透,一般每亩灌水量为80~120吨。黏土略多灌一些,壤土可稍少灌一些。灌水方式以沟灌为宜,使水缓慢浸厢,忌大水漫灌。

(4)药剂熏蒸 红铃虫等可附着在种子内越冬,药剂熏蒸可杀死棉种中98%红铃虫,其方法是先将仓库缝隙贴纸密封,每立方米空间用溴甲烷32~37克,密闭熏蒸3天。

(5)消灭贮藏场所虫源 棉花红铃虫主要躲在贮花仓库、轧花厂四壁缝隙中越冬。因此,对贮花厂的四壁可喷涂石灰浆,并填平缝隙。晒轧花工具要用开水烫洗。轧花厂的花渣、废子要及时清除,沤肥或烧毁。

5. 苗床主要害虫防治 苗床地下害虫用50毫升敌敌畏拌2.5千克麦麸制成毒饵撒在苗床上进行诱杀;选用乙酰甲胺磷、毒死蜱等药剂 1 500 倍液喷雾防治棉盲蝽；可用哒螨灵、阿维菌素等 1 500 倍液喷雾防治棉叶螨；选用啶虫脒、丁硫克百威、吡虫啉等农药 1 000～1 500 倍液喷雾防治棉蓟马，移栽前拔除无头苗，选用健康苗移栽。

二、棉花病害

我国是世界植棉大国之一，棉区分布广阔，生态条件不一，各棉区病害种类不同。我国有记载的棉花病害有 80 多种，其中常见的有近 20 种。目前，在我国发生危害较为严重的包括黄萎病、枯萎病、立枯病、炭疽病、红腐病和棉铃疫病等。

种子是最基本的农业生产资料，作物产量的高低、品质的优劣与种子的质量有着密切关系。带菌率是种子播种品质的一个重要指标。棉种带菌非常普遍和严重，随着种子的调运，病原物进行近、远距离的传播，引起棉苗田间发病，给棉花生产带来巨大的损失。我国的棉花枯萎病和黄萎病就是由美国引入的斯（S）字 4 号品种传入我国南通、南京、上海、泾阳、运城等地，后随着国内棉种的调运广泛传播，病区日益扩大，1980 年已遍及 21 个省、市、自治区，危害严重。棉花种子可以携带大量的各种病原菌，据报道，这些病原菌分属于 27 个属的 49 种微生物，致使苗期病害在不同生态棉区普遍发生。长江流域春季多雨，严重年份病苗率高达 90%，以根腐为主的死苗率达 20%～30%；黄河流域北方棉区，春季低温干旱，棉籽发芽出土缓慢，一般病苗率达 50%，死苗率达 5～10%，严重影响棉花正常生长、进而影响产量和品质。

（一）主要病害种类

棉花播种前病害种类繁多，国内已发现的约有 20 多种，主要是一些种子表面上携带的病原菌，尤其是毛籽上，而经过脱绒后的光籽则减少很多,主要有种子表面携带的轮纹斑病菌、疫病菌、褐斑病菌和角斑病菌,以及一些腐生性的细菌;而有些病原菌可以侵入到棉籽的内部,如黄萎病菌、枯萎病菌、疫病菌。由于棉籽表面上携带的病原菌,可以引起烂种、烂芽和苗病,必须引起高度重视,1990年代以后,由于推广应用种衣剂,播种前病害得到有效控制。

(二)主要病害发生规律

各种病原菌对温度的要求范围大体相同,而其发病适温又各有差别。一般而言,在10℃~30℃的范围是多种病原菌孳生较适宜的温度。立枯病菌甚至在5℃~33℃的温度条件下都能生长。病害发生与土壤温度关系十分密切,棉籽发芽时遇到低于10℃的土温,会增加苗前的烂子和烂芽;病菌在15℃~23℃时最易于侵害棉苗。猝倒病通常在土温10℃~17℃时发病较多,超过18℃发病即减少。有些病菌则在温度相对较高时易于侵染棉苗,如炭疽病最适温度是25℃左右,角斑病是21~28℃,轮纹斑病和疫病是20℃~25℃。各种苗病发生的轻重、早晚与当年苗期温度密切相关。立枯病与猝倒病发病的温度较低,所以在幼苗子叶期发病较多。猝倒病多发生在4月下旬至5月初,造成刚出土的幼苗大量死亡;立枯病的危害主要在5月上中旬。整个苗期,炭疽病和红腐病都会发生,前者在晚播的棉田或棉苗出真叶后仍继续危害。轮纹斑病和疫病多在棉苗后期发生,危害衰老的子叶和感染初生的真叶。

高湿条件有利于病菌的发展和传播,也是引起苗病的重要条件。阴雨高湿,土壤湿度大,对棉苗生长不利,却有利于病菌的蔓延。棉苗出土后,长期阴雨是引起死苗的重要因素,雨量多的年份死苗重。相对湿度小于70%,炭疽病发生不会严重。相对湿度大于85%,角斑病菌最易侵入棉苗危害。在涝洼棉田或多雨地区,猝倒病发生最普遍。利用塑料薄膜育苗,如床土温度控制不好,发病也严重。多雨更是苗期叶病的流行条件,轮纹斑病和疫病等都是在5、6月间连续阴雨后大量发生的。棉田高湿均不利于棉苗根系的呼吸,长期土壤积水会造成黑根苗,导致根系窒息腐烂。总的说来,低温高湿不利于棉苗的正常生长而有利于病菌的危害,所以在棉花播种出苗期间如遇低温阴雨,特别是温度先高然后骤然降低时,苗病发生一定严重。

(三)病害危害特点

棉花播种前病害主要表现为烂籽、烂芽,棉种由播种到出苗,经常受到多种病原菌的危害,当外界条件有利于棉苗的生长发育时,虽有病菌存在,棉苗仍可正常生长;相反,当外界条件不利于棉苗生长发育而有利于病菌侵入时,就会造成烂子、烂芽、病苗和死苗。

(四)病害关键防治技术

针对棉花种传、土传病害和苗期虫害的发生与危害,国内外对棉花种子加工、消毒处理进行了广泛深入地研究。我国黄河和长江棉区建立了多个国家级、省地级优质棉基地县,棉花种衣剂的研究和应用及硫酸脱绒、良种精选和包衣机械等配套技术的推广也列入优质棉基地建设项目的重要内容。目前,我国优质棉基地基本形成了种衣剂及其相关配套技术的系统工程,为加速我国棉花种子产业化进程、推动棉花良种标准化、商品化奠定了良好基础,对发展优质、高效的棉花生产有着重要的意义。由于坚持采用种子化学处理及其他配套措施,目前已基本控制住播种前病害。

苗床病害的防治可用广枯灵100毫升,每667平方米对水60升,进行苗床土壤处理;用干棉籽重量0.5%苗病净或种子重量0.5%的50%多菌灵可湿性粉剂、种子重量0.6%的50%甲基硫菌灵可湿性粉剂、种子重量1%的40%五氯硝基苯拌种,或用种子重量 0.5％的 40％五氯硝基苯加 50％多菌灵,或 40％五氯硝基苯加 40％福美双拌种,可有效防治苗病发生。

三、棉花草害

(一)主要草害种类

长江流域和黄河流域棉区的棉花种植方式以麦套直播或移栽棉田和麦(或油菜)后直播或移栽棉田为主。棉田播种前或移栽前,麦套直播或移栽棉田田间杂草主要有藜、马齿苋、播娘蒿、荠菜、鳢肠等;麦(或油菜)后直播或移栽棉田田间杂草主要有马唐、旱稗、繁缕等。露地直播棉田,一般播种前均要进行机械耙地,这样不仅可以起到播前保墒的作用,还可以杀死已经萌发出苗的杂草,所以露地直播棉田播种时田间几乎无杂草。

棉花苗床多以禾本科杂草为主,其中马唐为优势种,主要草相为马唐、千金子、狗尾草、牛筋草、藜、旱稗、繁缕和马齿苋等。

(二)主要草害发生特点

1. 马唐 [*Digitaria sanguinalis* (L.) Scop.]属于禾本科(Gramineae)杂草,俗名抓地草、秧子草、须草、叉子草、鸡爪草。

(1)形态特征 成株高 40～100 厘米;秆基部倾斜,着土后节易生根或具分枝,光滑无毛,叶鞘松弛抱茎,大部短于节间;叶舌膜质,黄棕色,先端钝圆,长 1～3 毫米;叶片条状披针形,长 3～17 厘米,宽 3～10 毫米,两端疏生软毛或无毛;总状花序 3～10 个,长 5～18 厘米,上部互生或呈指状排列于茎顶,下部近于轮生;小穗披针形。

(2)幼苗 第一片真叶卵状披针形,具有一狭窄环状且顶端齿裂的叶舌,叶缘具长睫毛,叶鞘表面密被长柔毛;第二片叶叶舌三角状,顶端齿裂。

(3)分布及危害 种子繁殖,一年生草本。4月下旬至6月下旬发生量大,8~10月份结籽,种子边成熟边脱落,生命力强。在全国各棉区均有发生,发生数量、分布范围在旱地杂草中均具首位,以作物生长的前中期危害为主。

主要危害棉花、玉米、豆类、花生、瓜类等作物;同时也是棉实夜蛾、稻飞虱的寄主,并能感染栗瘟病、麦雪腐病和菌核病等。

图1-1 马 唐
1. 群体 2. 花序

2. 旱稗 [*Echinochloa crus-galli* (L.) Beauv.]属于禾本科杂草,俗名野稗、稗草。

图1-2 旱 稗
1. 幼苗 2. 花序

(1)形态特征 成株高50~130厘米,茎基部多分蘖;条形叶,无叶舌;圆锥花序直立或下垂,呈不规则塔形,绿色或紫色主轴具棱,有 10~20 个穗形总状花序的分枝,并生或对生于主轴。小穗卵形,排列于穗触分枝的一侧,含 2 花,第一外稃具长芒。

(2)幼苗 第一片真叶带状披针形,平展生长,无叶耳、叶舌。

(3)分布及危害 种子繁殖,一年生草本。晚春型杂草,正常出苗的杂草大致在 7 月上旬抽穗、开花,8 月初果实逐渐成熟。稗草是世界性恶性杂草。全国各棉区均有发生,尤以水旱轮作地区发生危害严重。该草生命力极强,主要危害水稻和低洼湿地的棉花、大豆、玉米等作物。

3. 千金子[*Leptochloa chinensis* (L.) Nees.] 属于禾本科杂草,俗名绣花草、畔茅。

(1)形态特征 株高 30~90 厘米,秆丛生,直立,平滑无毛,基部膝曲或倾斜,着土后节上易生不定根。叶鞘无毛,多短于节间;叶舌膜质,撕裂状,有小纤毛;叶片扁平或多少卷折,先端渐尖。圆锥花序长 10~30 毫米,主轴和分枝均微粗糙;小穗多带紫色,长 2~4 毫米,有 3~7 个小花;第一颖长 1~1.5 毫米。

(2)幼苗 第一片真叶长椭圆形,具 7 条或 9 条直出平行脉;叶片、叶鞘均被极细短毛。

(3)分布及危害 种子繁殖,一年生草本。5~6 月份出苗,8~11 月份陆续开花、结果或成熟。分布于华东、华中、华南、西南及陕西、河南等地。为湿润秋熟旱作物和水稻田的恶性杂草,尤以水改旱时,发生量大,危害严重。

4. 繁缕 [*Stellaria media* (L.) Cyrillus] 属于石竹科(Caryophyllaceae)杂草,俗名鹅肠草、乱眼子草。

(1)形态特征 茎自基部分枝,常假二叉分枝,平卧或近直立;叶片卵形,基部圆形,先端急尖,全缘,下部叶有柄,上部叶较小,具短柄;花单生于叶腋或疏散排列于茎顶;萼片 5,花瓣 5,白色,2 深裂几达基部;蒴果卵圆形。

(2)幼苗 子叶卵形,初生叶卵圆形,对生,叶柄疏生长柔毛;

图1-3 繁缕

全株黄绿色。

（3）**分布及危害** 一至二年生或多年生草本,种子繁殖。冬麦田9～11月份集中出苗,4月份开花结实,5月份渐次成熟。种子量大、生命力强。广分全国中南部各地,是潮湿肥沃耕地中常见杂草,主要危害棉花、小麦、甜菜、马铃薯、蔬菜等,是蚜虫、朱砂叶螨和小地老虎的寄主。

5. 小蓟［*Cephalanoplos sedetum*（Bunge）Kitam.］ 属于菊科（Compositae）杂草,俗名刺儿菜。

图1-4 小 蓟

1. 幼苗 2. 成株

（1）**形态特征** 具长匍匐根。茎直立,高30～50厘米,幼茎被白色蛛丝状棱。叶互生,无柄,缘具刺状齿,基生叶早落,下部和中部叶椭圆状披针形,两面被白色蛛丝状毛,中、上部叶有时羽状浅裂。雌雄异株,雄株头状花序较小,总苞片长约18毫米;雌株花序则较大,总苞片多层,先端具刺;雌花花冠长约26毫米,紫红色或淡红色,全为筒状。幼苗子叶出土,阔椭圆形,长 6.5 毫米,宽 5 毫米,稍歪斜,全缘,基部楔形.下胚轴发达。

(2)幼苗　子叶矩阔椭圆形,全缘;初生叶叶缘齿裂,具齿状刺毛。

(3)分布及危害　以根芽繁殖为主,种子繁殖为辅,多年生草本。最早于 3～4 月份出苗,5～6 月份开花、结果,6～10 月份果实渐次成熟。全国均有分布和危害,以北方更为普遍。为棉、麦、豆和甘薯田的主要危害性杂草;又是棉蚜、向日葵菌核病的寄主,间接危害作物。

(三)主要草害关键防治技术

1. 农业防治

(1)轮作倒茬　不同作物不同耕作制度和栽培条件下,杂草的种群和发生量有所不同。轮作倒茬可以改变杂草的生态环境,创造不利于某些杂草的生长条件,从而消灭和限制部分农田杂草,是防除农田杂草的一项有效措施。通过科学的轮作倒茬,使原来生长良好的优势杂草种群处于不利的环境条件下而减少或灭绝。例如,在水旱地区,实行 2 年 5 熟耕作制、稻棉轮作,由于稻田长期积水,可把香附子、刺儿菜、苣荬菜和田旋花等多年生杂草的块根、根茎、根芽淹死,杂草发生量可减少 80％以上,这是防除多年生旱田杂草的简单易行、高效彻底的好办法;由于目前玉米田已有多种除草剂可防除多种阔叶杂草和莎草,若棉花与玉米轮作,在玉米田有效控制住多年生阔叶杂草以后再种棉花,就会显著减轻棉田草害防除的压力。

(2)深翻耕作　深耕可防除一年生杂草和多年生杂草。在草荒严重的农田和荒地,通过深耕改变杂草的生态环境,把表层杂草种子埋入深层土壤中,消灭了大部分杂草,减少了一年生和越年生杂草的数量,又把大量的根状块茎杂草翻到地面干死、冻死,破坏了根状块茎,减少杂草危害。在棉田发生的马唐、牛筋草、马齿苋、蒺藜、苋菜、灰灰菜、狗尾草、千金子等的种子集中在0～3厘米土层中,只要温湿度合适,就可出土危害,一旦深翻被埋至土壤深层,出苗率将明显降低,从而降低危害。刺儿菜、芦苇、白茅、打碗花、香附子、酸模叶蓼、地黄等,通过深翻,破坏根状块茎,或翻至地表,经过风刮日晒,失去水分严重干枯,再加上耙耱、人工拾检等可使杂草大量减少,发生量明显降低。深耕可防除一年生杂草,越年生杂草以及根状块茎繁殖的杂草。冬耕可把多年生杂草(如香附子、田旋花和刺儿菜等)的地下根茎播到土表,经冬季干燥、冷冻、动物取食等而丧失活力。因此,冬耕也是农民防治多年生杂草的有效办法。

(3)高温堆肥　高温堆肥是消灭有机质肥料中草籽的重要手段。有机质肥料是农村农田肥料的主要来源,也是杂草传播蔓延的根源。由于积肥时原料来源复杂,不但有秸秆、落叶、绿肥、垃圾等,而且还用杂草积肥,里边含有大量的杂草种子,且保持着相当高的发芽率,若不经高温腐熟,便不能杀死杂草的种子。如将这些未腐熟的有机肥料直接施入农田,将把大量的草籽带入田间,补充和增加了杂草的数量。因此,采用高温堆肥杀死杂草草籽是防止杂草危害的重要措施之一。

(4)合理密植　在防除农田杂草的措施中,常利用作物的高度和密度的荫蔽作用来控制和消灭杂草,即达到"以苗欺草"、"以高控草"、"以密灭草"的效果。棉花为中高秆作物,近年来推广的杂交棉在稀植和简化栽培情况下株高可达1.5米左右,多数杂草的高度都比棉花低,80%的杂草生长在棉花的中下部。棉花在与杂草竞争过程中,占据了空间,棉花的光合作用是绝对优势,生长茂盛。而杂草生长在棉花的下部,空间占领少,透光差,见光少,光合作用受到抑制,使杂草得到的养分很少,产生饥饿生长脆弱或死亡。因此,密植是一种有效的棉田杂草防治措施。

（5）清除杂草来源　田边、路旁、田埂、井台及渠道内外的杂草都是棉田杂草的重要来源，它们通过风力、流水、人畜活动带入田间，或通过地下根茎向田间扩散，故必须认真清除棉田四周的杂草，特别是在杂草种子尚未成熟之前可结合耕地、积肥等措施及时清除，防治其扩散。

2. 化学防治

（1）地膜棉田杂草化学防治　在地膜覆盖条件下，由于地膜的密闭增温保墒作用，使膜内耕作层的墒情好、温度较高而且变化小，非常有利于杂草的萌发出土，因而导致杂草出苗早、发生期长。土壤墒情正常情况下，播种覆膜后 5～7 天杂草开始出苗，在 15 天左右杂草达到出苗高峰。即便土壤墒情较差，只要棉花能正常出苗，杂草在盖膜后的 25 天内也会达到出苗高峰。出草高峰期比露地直播棉田早 10 天左右，出草结束期早 50 天左右。由于地膜覆盖棉田杂草出苗快、时间短、出苗数量集中，这种出苗规律有利于覆膜前一次施药即可获得理想的除草效果。若不施药防治，杂草往往还能顶破地膜旺盛生长，危害更大。因此，地膜覆盖栽培必须与化学除草相结合。

地膜覆盖后，由于膜内的高温高湿条件有利于除草剂药效的充分发挥，因此除草剂的使用剂量可比露地直播棉田适当减少 30% 左右，并且选用除草剂的杀草谱要广，但田间持效期不必很长（表 1-1）。

表 1-1　地膜覆盖棉田杂草化学防治常用的土壤处理除草剂

通用名	商品名	类型	防除对象	使用剂量	施药适期和使用要点
乙草胺	禾耐斯	酰胺类	一年生禾本科杂草和部分阔叶杂草	90％乳油的用药量为黄淮棉区 750～900 毫升/公顷、长江流域棉区 600～750 毫升/公顷、西北棉区 1200～1500 毫升/公顷	于棉花播种前或播种后盖膜前施药。人工喷雾每公顷喷稀释液 450～600 千克,机械喷雾为 225～375 千克,喷雾要均匀周到,严防重喷和漏喷。禾耐斯在土壤墒情好时药效更稳定,因此,在西北内陆棉区表层土壤干旱情况下,为保证对棉花发芽出土的安全性,施药后应浅耙地混土,一般用钉齿耙耙地,耙深 3～5 厘米,使药剂混在 1～2 厘米土层中
二甲戊灵	除草通、施田补	二硝基苯胺类	一年生禾本科杂草和部分小粒种子的阔叶杂草	33％乳油 2250～3450 毫升/公顷	于棉花播种前或播种后盖膜前加水 750 千克均匀喷雾。除草通防除单子叶杂草比双子叶杂草效果好,在单子叶杂草和双子叶杂草都较重发生的田块,可与伏草隆混用,增加对阔叶杂草的防除效果。每公顷用 33％除草通乳油 1200～2100 毫升和 80％伏草隆可湿性粉剂 900～1 500 克

续表 1-1

通用名	商品名	类型	防除对象	使用剂量	施药适期和使用要点
氟乐灵	氟利克、茄科宁	苯胺类	一年生禾本科杂草和部分小粒种子的阔叶杂草	48%乳油1050～1500毫升/公顷	于棉花播种前或播种后盖膜前施药。其灭草效果与混土质量有关，应先整平耙细土地达播种状态。沙壤土及土壤有机质含量在0.8%～1.5%时，用药量采用低剂量，黏土及有机质含量在1.5%以上时，采用高剂量。喷药要均匀周到，喷药后立即耙地混土，以防光解。氟乐灵虽然对棉花发芽出苗无影响，但用药量不能过大
甲草胺	拉索、草不绿	酰胺类	一年生禾本科杂草和阔叶杂草	48%乳油3000～3750毫升/公顷	于棉花播种前或播种后盖膜前加水750千克均匀喷雾地面。有机质含量高、质地黏的土壤用药量可适当加大，沙质土应减少用药量。拉索的杀草谱较广，对棉苗的安全性也较高，但田间持效期较短，仅40天左右，在露地棉田播种时施药一次不能控制整个生育期的杂草危害，但在地膜棉田由于地膜的密闭作用，控草有效期相对长一些

续表 1-1

通用名	商品名	类型	防除对象	使用剂量	施药适期和使用要点
扑草净	割草佳	三嗪类	一年生禾本科杂草和阔叶杂草	50％可湿性粉剂 1500～2250 毫升/公顷	于棉花播种前或播种后盖膜前加水 750 千克喷雾或对细潮土 450 千克撒施。扑草净在土壤中易移动,沙质土地不宜使用
伏草隆	棉草伏	取代脲类	一年生禾本科杂草和部分阔叶杂草	80％可湿性粉剂 1200～1800 毫升/公顷	于棉花播种前或播种后盖膜前兑水 600 千克均匀喷雾,或拌细潮土 450 千克均匀撒施

地膜覆盖棉田也可选用 24％果尔(乙氧氟草醚)乳油 270～360 毫升/公顷、25％农思它(噁草酮)乳油 1 500～1 950 毫升/公顷、25％敌草隆可湿性粉剂 2 250～3 000 克/公顷、20％敌草胺乳油 3 000～3 750 毫升/公顷、50％利谷隆可湿性粉剂 1 350～1 500 克/公顷、48％地乐胺(双丁乐灵)乳油 2 250～3 750 毫升/公顷、72％都尔(异丙甲草胺)乳油 1 200～1 500 毫升/公顷、20％盖杰(二甲戊·乙氧氟草醚)乳油 1 800～2 700 毫升/公顷的任意一种,于播种后覆膜前加水 600 千克喷雾。另外,48％氟乐灵乳油 1 200 毫升/公顷与 50％扑草净可湿性粉剂 1 200 克,或与 25％敌草隆可湿性粉剂 1 500 克混合使用也可收到较好的防效。但在使用含有氟乐灵的配方时,需及时混土后再覆膜。

地膜覆盖棉田还可用适宜棉田应用的除草剂单面复合地膜,即地膜的一面附着有一层选择性芽前处理除草剂,除了具有一般地膜的增温保墒功能外,还具有良好的除草功能。地膜上的除草剂在盖膜后 3～5 天,即随凝聚在地膜上的水分滴落至土壤表面,形成一定浓度的药剂处理层,进而杀死刚萌发的杂草。主要防治单子叶杂草,对双子叶杂草也有一定的兼治作用。在棉花与其他双子叶经济作物间作套种时,用除草地膜覆盖,一膜双用,更能达到省工高效的目的。用除草地膜覆盖棉田,不仅节省了喷施除草剂的时间,而且还有抑盐、保墒、保肥、抗风、耐侵袭等优点。但需注意,地膜覆盖时,要求土壤平、细,使地膜紧贴地面,才能提高药效,棉苗出土后应及时破膜,防止棉苗发生药害。

(2)露地直播棉田杂草化学防治　棉花露地直播是重要的栽培方式之一,一般情况下,播种前均要翻耕平整土地。因此,播种前或播后苗前利用土壤处理除草剂进行杂草防治是一个最有利、最关键的时期,并且应该根据当地田间常见杂草种类和发生情况,选择合适的除草剂(表1-2)。

表1-2　露地直播棉田杂草化学防治常用的土壤处理除草剂

杂草类型	通用名	商品名	类型	防除对象	使用剂量	施药适期和使用要点
以禾本科杂草为主的棉田	乙草胺	禾耐斯	酰胺类	一年生禾本科和部分阔叶杂草	50%乳油在华北地区用药量为1500～2100毫升/公顷,长江流域棉区1200～1800毫升/公顷,新疆棉区2600～3750毫升/公顷	于棉花播前、播后苗前或移栽前加水750升均匀喷雾。乙草胺的活性很高,用药量不宜随意加大。在有机质含量高、气温偏低和较干旱的地区用较高剂量,反之用低剂量。施药前后保持土壤湿润可提高除草效果。多雨地区和排水不良地块,大雨后积水会妨碍作物出苗,产生药害
	异丙甲草胺	都尔、杜尔	酰胺类	一年生禾本科杂草和小粒种子的阔叶杂草	72%乳油1200～1800毫升/公顷	于棉花播前、播后苗前或移栽前加水750千克,均匀喷雾地面。土壤干燥时,施药后可浅混土

续表 1-2

杂草类型	通用名	商品名	类型	防除对象	使用剂量	施药适期和使用要点
以禾本科杂草为主的棉田	地乐胺	双丁乐灵	甲苯胺类	一年生禾本科杂草和部分阔叶杂草	48% 乳油 3000～4500 毫升/公顷	于棉花播前、播后苗前或移栽前加水 750 千克喷雾地面，施药后要立即浅耙混土，以免药剂大量挥发。黏质土用药量高，沙质土用药量低
	氟乐灵	氟利克、茄科宁	苯胺类	一年生禾本科杂草和部分小粒种子的阔叶杂草	48% 乳油 1200～2250 毫升/公顷（沙质土用 1200～1800 毫升，黏质土用 1800～2250 毫升）	于棉花播前、播后苗前或移栽前兑水 750 千克喷雾。氟乐灵见光易分解失效，施药后要在 2 个小时内耙地浅混土，将氟乐灵混入 3～5 厘米土层中。对于移栽棉田，移栽时应注意将开穴挖出的药土覆盖棉苗根部周围，可取得良好的除草效果
在禾本科杂草和阔叶杂草混生的棉田	乙氧氟草醚	果尔	二苯醚类	一年生禾本科杂草、阔叶杂草和部分莎草科杂草	24% 乳油在直播棉田用 540～720 毫升/公顷，移栽棉田用 600～1200 毫升/公顷	于棉花播前、播后苗前或移栽前加水 600～750 千克喷雾。沙质土用低药量，壤质土和黏土用高药量。若用药量达 1080 毫升/公顷，田间积水时，棉苗可能有轻微药害，但可恢复。施药要求均匀周到，施药量要准确。若已有 5% 棉苗出土，应停止用药
	伏草隆	棉草伏	取代脲类	一年生禾本科杂草和部分阔叶杂草	80% 可湿性粉剂 1500～2250 克/公顷	于棉花播前、播后苗前或移栽前施药，拌潮湿细土 450 千克撒施，或加水 750 千克喷雾。沙土地及高温多雨地区用量酌减。伏草隆对棉花叶片有触杀作用，所以在棉花出苗后和移栽后不能使用

续表 1-2

杂草类型	通用名	商品名	类型	防除对象	使用剂量	施药适期和使用要点
在禾本科杂草和阔叶杂草混生的棉田	噁草酮	噁草灵、农思它	环状亚胺类	一年生单、双子叶杂草及部分多年生杂草	北方棉区用25%乳油1950～2550毫升/公顷，南方棉区用1500～2250毫升/公顷	于棉花播前、播后苗前或移栽前加水600～750千克均匀喷雾。底墒充足时药效好，田间持效期60天左右，一次施药可以有效控制棉花全生育期杂草的危害
	利谷隆		取代脲类	一年生禾本科杂草和阔叶杂草，以及莎草和多年生杂草	50%可湿性粉剂1800～2250克/公顷	于棉花播前、播后苗前或移栽前加水750升均匀喷雾，或拌潮湿细土450千克均匀撒施。直播棉田出苗后和移栽棉田移栽后不宜使用。沙质土用药量应适当减少，且在降雨多的地区不宜使用，以免药剂淋溶造成药害
在多年生莎草科杂草严重发生的棉田	莎扑隆	杀草隆	取代脲类	莎草科杂草	50%可湿性粉剂10.5～13.5千克/公顷	于棉花播前、播后苗前或移栽前加水750千克喷雾地表，或拌细土300千克撒施于地表，然后混入10～15厘米深的土中。混土深度根据杂草种子及地下球茎在土层中的分布而定。防除棉田一年生莎草科杂草时，用药量可降至4.5～7.5千克/公顷。如需兼除禾本科杂草和阔叶杂草，可与氟乐灵等除草剂混合使用

（3）**棉花苗床杂草化学防治**　由于苗床土一般来自于较肥沃的表层土壤，往往还掺和1/4左右的农家肥，所以杂草种子含量比

露地直播棉田高 2~5 倍。另外,由于棉花苗床多用地膜覆盖,甚至用棚架双膜覆盖,膜内的高温高湿环境有利于杂草的快速萌发。因此,苗床杂草出土有早、齐、多的特点,一般盖膜后 5~7 天杂草就开始出苗,10~15 天进入出草高峰期。到苗床薄膜开口通风或揭膜后,第一批杂草已基本出齐,由于揭膜后苗床土壤的温度和湿度明显下降,不利于杂草萌发,后续杂草的发生量明显减轻。

由于棉花育苗时我国大部分地区的气温还不稳定,忽高忽低,棉苗遭受冻害的现象时有发生,选择性不强的除草剂往往加重对棉苗的伤害,加之苗床播种时盖土较浅,药剂层距离棉种很近,所以选择性差、挥发性大和水溶性大的土壤处理除草剂不宜使用(表1-3)。

表 1-3　棉花苗床杂草化学防治常用的除草剂

通用名	商品名	类型	防除对象	使用剂量	施药适期和使用要点
异丙甲草胺	都尔、杜尔	酰胺类	一年生禾本科杂草和部分小粒种子的阔叶杂草	96% 乳油750 ~ 900 毫升/公顷,或72%乳油 1200 ~ 1500 毫升/公顷	于棉花播种后盖膜前兑水 600 千克均匀喷雾。土壤质地疏松、有机质含量低的用低药量,反之用高药量
二甲戊灵	除草通、施田补	二硝基苯胺类	一年生禾本科杂草和部分小粒种子的阔叶杂草	33% 乳油2250~3000 毫升/公顷	于棉花播种后盖膜前兑水 600 千克均匀喷雾
敌草胺	草萘胺、大惠利	酰胺类	一年生禾本科杂草和阔叶杂草	20% 乳油2250~3000 毫升/公顷	于棉花播种后盖膜前加水 600 千克均匀喷雾。土壤水分充足是保证药效的关键

续表 1-3

通用名	商品名	类　型	防除对象	使用剂量	施药适期和使用要点
棉草宁	乙草胺＋噁草酮	酰胺类＋环状亚胺类	一年生禾本科杂草和阔叶杂草及部分莎草科杂草	33％乳油750～900毫升/公顷	于棉花播种后盖膜前兑水600千克均匀喷雾
棉草灵	丁草胺＋噁草酮	酰胺类＋环状亚胺类	一年生禾本科杂草和阔叶杂草及部分莎草科杂草	51％乳油900～1200毫升/公顷	于棉花播种后盖膜前兑水600千克均匀喷雾
床草净	乙草胺＋多效唑	酰胺类＋植物生长调节剂	一年生禾本科杂草和部分小粒种子的阔叶杂草	23％乳油150～180毫升/公顷	于棉花播种后盖膜前施药。应严格掌握用药量，喷雾要均匀，不能局部重喷或漏喷，以免产生药害

棉花苗床在播种后覆膜前，还可用 48％拉索乳油 1 800～2 400 毫升/公顷，或 48％氟乐灵乳油 900～1 200 毫升/公顷，或 90％禾耐斯乳油 600～750 毫升/公顷，兑水 600 千克均匀喷雾。

一般情况下，进行土壤处理一次苗床杂草即可得到控制。若棉花播后苗前没来得及喷施除草剂，以禾本科杂草为主的苗床可选用 10.8％高效盖草能乳油（或 12.5％盖草能乳油）300～450 毫升/公顷，或 35％稳杀得乳油（或 15％精稳杀得乳油）600～750 毫升/公顷，或 10％禾草克乳油（或 5％精禾草克乳油）600～750 毫升/公顷，或 12％收乐通（烯草酮）乳油 450～600 毫升/公顷，或 20％拿捕净乳油 900～1 200 毫升/公顷，以上除草剂的任意一种，兑水 450 千克，在苗床揭膜炼苗时进行茎叶喷雾处理即可。

特别提示：棉花幼苗期，遇低温、多湿、苗床积水或药量过多，易受药害,因此应严格控制施药量,不宜过大。对于苗床来说,一定要以苗床实际面积计算用药量,且需分床配药、分床使用,千万不要一次配药多床使用,以免造成苗床因用药量多少不均匀而造成药害。苗床使用除草剂后,需加强管理,保持苗床温度25℃～30℃,防止高温造成高脚苗或产生药害。

(4)麦棉套作直播或移栽田杂草化学防除　随着农业的集约化经营和农作物复种指数的提高,近十多年来,棉麦套种棉田面积不断扩大。麦棉套种直播田,棉花在4月下旬至5月中旬播种,麦棉套作移栽田在5月上中旬移栽。从移栽到封行,棉田杂草存在两个明显的出草高峰:第一次在5月中下旬(苗期),持续10～15天,主要是马唐、狗尾草、铁苋菜、苘麻和藜等,这次杂草出土量小,对棉花影响较小;第二次出土高峰发生在6月中旬至7月初(蕾铃期),这次的杂草发生量大,且单双子叶杂草并存,主要有牛筋草、马唐、狗尾草、龙葵和藜等。这一时期小麦已经收割,而棉花尚未封行,降雨逐渐增多,这样的环境有利于杂草的萌发生长,且已出土杂草很快进入生长旺盛期,易对棉花造成严重危害。

麦棉套播移栽棉田一般需要进行两次化学除草,第一次是在棉花播种或移栽时,于播后苗前或移栽前后在移栽行上进行土壤处理,此时应选择对小麦和棉花都安全的除草剂,如禾耐斯、都尔、扑草净、氟乐灵和拉索等,用药量按棉花播种行的实际喷药面积计算。

(5)麦(油菜)后直播或移栽棉田杂草化学防除　在长江流域棉区,麦后直播或移栽棉花于5月下旬至6月初进行,在黄河流域棉区,麦后直播或移栽棉花于6月上中旬进行,这时的气温较高,雨水偏多,加上这时栽植的棉花密度大,行距小,生长快,封行早,这就使杂草出土时间比较短而集中。因此,这类棉田一般只需一次施药便可控制棉田杂草的危害。

在麦收灭茬整地播种后出苗前或移栽前后,可用禾耐斯、乙草胺、都尔、氟乐灵、伏草隆和拉索等进行土壤处理,用量与直播棉田相同。

由于麦收时是三夏大忙季节,劳动力和农业机械都很紧张,近年来长江流域棉区和黄淮棉区麦(油菜)后棉田采取免耕的面积不断扩大。由于油菜或小麦收割后,田间越冬杂草种类多、数量大,且草龄大,故除草剂的用量应适当加大。即在棉苗移栽前,每公顷用30%草甘膦水剂5升+90%禾耐斯乳油900毫升,对水450升喷雾。可用机动喷雾器,也可以用手动喷雾器,喷药时选择晴朗无风天气,并保护附近的作物免受药害,这种除草方法的控草期要比单用草甘膦长30天以上。

3. 生物防治 生物防治是利用病原真菌、细菌、病毒、线虫、昆虫和食草动物,以及植株间的相克作用等不利于杂草生长的生物天敌来控制杂草的发生、生长蔓延和危害的杂草防治方法。由于生物除草具有经济安全、效果持久、不污染环境、投资少等优点,生物除草剂的研究和开发受到了各国的广泛关注。生物除草包括植物源除草、动物源除草和微生物源除草。

(1)植物源除草 主要是利用植物相克原理,采取轮作的方式,或者寻找、培育抗草除草的作物,充分利用作物本身的抗草除草特性进行草害防治。

(2)动物源除草 主要是利用食草动物或植食性昆虫食性的差异达到除草的目的。如南美洲农场主利用白鹅喜食杂草、厌恶棉株的习性进行棉田养鹅除草。据试验,平均每50只白鹅可以完成4公顷棉田的除草任务。我国在昆虫除草方面取得了一定的成果,例如,通过对空心莲子草叶甲食性的一系列测试证明,空心莲子草叶甲专一性取食空心莲子草,安全性较高,可以有效地控制多年生恶性杂草空心莲子草。新疆兵团农二师三十团利用尖翅小卷蛾防治棉田扁秆簏草;新疆兵团农二师农业科学研究所利用喜食扁蓄的角胫叶甲防治扁蓄等。但是由于昆虫生活史的特殊性,大大限制了昆虫除草剂的使用和除草效果。

（3）微生物源除草　比昆虫除草应用更广、效果更突出。目前，我国杂草科学工作者已筛选出了一批具有一定除草潜力的微生物菌株。山东省农业科学研究院筛选和应用一种专性寄生于菟丝子的真菌——胶孢炭疽菌制成"鲁保一号"菌剂，效果显著。南京农业大学从紫茎泽兰植株上分离、筛选出链格孢菌，其产生的杀草毒素 AAC-Toxin 对紫茎泽兰和检测的其他 25 种杂草都具有很强的致病性；并且成功开发了一种环保、高效的防除禾本科恶性杂草的生物除草剂敌散克（Disancu），已经获得了高达 90％的田间试验效果。中国农业大学从稗草病株中分离出 13 个菌种，其中尖角突脐孢和弯孢菌种的除稗效果达 80％左右，而对水稻等大部分作物安全。当前，尚未商业化但很有应用前景，目前应用在棉田杂草防除上的病原真菌有：炭疽菌防治刺黄花稔；凋萎病真菌防除有距单花葵；决明链格孢菌针对性地防除决明；砖红镰刀菌防除苘麻等。

4. 种植转基因抗除草剂棉花品种　生物技术的快速发展，尤其是转基因技术的应用，为现代农业的发展注入了新的活力。1987 年美国学者将 5-烯醇丙酮基草酸-3-膦酸合成酶（EPSPS）基因导入油菜细胞中，使转基因植物叶绿体中 5-烯醇丙酮基草酸-3-膦酸合成酶的活性大大提高，从而具有抗草甘膦的能力。自 1995 年和 1997 年美国率先开始种植转基因抗溴苯腈和抗草甘膦棉花以来，抗除草剂棉花在美国的种植面积占棉花总种植面积从 1995 年的 0.1％增加到 2009 年的 94.8％。目前，全世界已有 6 个抗不同除草剂的基因被成功地导入到敏感作物体内，已经培育出分别能抗草甘膦、草铵膦、磺酰脲、溴苯腈、2,4-D 的转基因棉花品种。转基因抗除草剂作物以其易管理、除草效果明显、安全性高和保护环境等优点而受到了人们的普遍关注。当前，双重复合性状的抗虫（棉铃虫）抗除草剂（草甘膦）棉花和三重复合性状的抗除草剂

(草甘膦，麦草畏和草铵膦)棉花品种也已培育成功，正在试种推广当中。含抗除草剂基因的棉花品种推广开后，必要时一次施药，不论是一年生还是多年生的禾本科杂草、阔叶杂草及莎草科杂草，都会取得理想的防治效果，将会给棉田杂草的化学防治带来极大方便。

目前，我国转基因抗除草剂作物研究的总体水平与发达国家还存在较大差距，但经过多年研究和努力，目前已经分离和鉴定了多个拥有自主知识产权的草甘膦高抗基因，并已经获得一批稳定表达的单抗除草剂和具有抗虫抗除草剂复合性状的转基因棉花新材料。中国农业科学院棉花研究所，通过构建含有从高抗草甘膦的棉花突变株中克隆的 epsps 基因的植物表达载体，经农杆菌介导法转化初步验证了该基因的功能，为进一步在棉花中转化奠定了基础；浙江大学农业与生物技术学院通过愈伤组织诱导及抗性愈伤组织再生等手段，获得了非转基因抗草甘膦的棉花突变体；中山大学生物防治国家重点实验室及河南师范大学生命科学学院等单位将抗草甘膦突变基因 aroAM12 导入到棉花中，获得了抗草甘膦的再生植株，并通过 Southern 及 Western 试验验证了该基因的导入和表达状况，结果表明，转化株对草甘膦具有很高的抗性。随着我国农业现代化水平的提高，农村劳动力大量城市化转移，棉花生产对抗除草剂品种的需求越来越强烈。转基因抗除草剂棉花势必将成为我国继抗虫棉之后有望推广的另一类转基因棉花产业化品种。

第二章　苗期主要病虫草害防治

一、棉花生长特点

棉花苗期是指从出苗到现蕾,大约需要 40～45 天时间,棉花在这一时期生长缓慢、干物质积累少,对养分、水分的需要量少。棉花苗期病虫草害发生区域和危害程度与栽培制度密切相关。在粮棉两熟套种棉区,冬春作物为大小麦、油菜、蚕豆、玉米、番茄和榨菜等。在这一类生境下,一方面有利于棉花害虫越冬,为苗期害虫在春季复苏后准备了充足的食料;另一方面,在这些作物上栖息着大量天敌,为自然控制苗期害虫发生创造了有利条件。在一熟露地播种棉区,由于冬春季棉田内没有作物,生境单一,所以苗期病虫草害发生早,繁殖比较快,天敌的控制能力差,特别是棉蚜等害虫发生危害严重。

二、棉花害虫

(一)主要害虫种类

棉花苗期虫害主要是棉花苗蚜、棉根蚜、地老虎、棉叶螨、种蝇、金针虫、棉蓟马、玉米螟、蜗牛、拟地甲、蝼蛄、蛴螬、盲蝽、野蛞蝓、稻绿蝽和斑须蝽等,且常混合发生,如不及时防治,将会影响棉花的正常生长。随着转基因抗虫棉的大面积种植,棉田害虫的地位发生演变,原来的次要害虫种群数量增加,上升为主要害虫,主要害虫的种类和危害程度也发生了较大变化。

(二)主要害虫发生特点与防治

1. 棉蚜　　棉蚜(*Aphis gossypii* Glover)属同翅目蚜科,俗名蜜虫、油虫,是我国棉花上的重要害虫之一。以黄河流域和辽河流域棉区危害最重,长江流域棉区次之。我国棉花上造成危害的蚜虫共有 5 种,分别为棉蚜(*Aphis gossypii* Glover)、棉长管蚜(*Acyrthosiphon gossypii* Mordvilko)、苜蓿蚜(*Aphis medicaginis* Koch)、拐枣蚜(*Xerophilaphis plotnikov* Nevsky)和菜豆根蚜(*Trifidaphis phaseoli* Pass.)。其中棉蚜全世界均有分布,我国除西藏不详外,各棉区都有发生,以辽河流域、黄河流域和西北的陕西、甘肃棉区危害较重,长江流域棉区危害次之,华南棉区干旱年份发生较重,一般年份较轻。苜蓿棉蚜全国都发生,但仅在新疆严重危害棉花。棉长管蚜、菜豆根蚜和拐枣蚜仅在新疆发生。棉蚜的寄主植物很多,全世界已知有 74 科 280 多种植物。我国已记载的有 113 种寄主植物,大致可分为越冬寄主(第一寄主)和侨居寄主(第二寄主)两类。越冬寄主主要有鼠李、花椒、木槿、石榴、黄荆、冻绿、水芙蓉、夏枯草、蜀葵、菊花、车前草、苦菜、益母草等。侨居寄主除了棉花以外,还有木棉、瓜类、黄麻、洋麻、大豆、马铃薯、甘薯和十字花科蔬菜等。此外,棉蚜还是很多蔬菜病毒病的传毒介体。

(1)形态特征

①无翅孤雌蚜　　体长 1.9 毫米。活体黄、草绿至深绿色。头黑色,胸部有断续黑斑,腹部第 2～6 节有缘斑,第 7～8 节有横带,第 8 节有毛 2 根。体表有网纹。触角为体长的 0.63 倍,第 3～6 节长度比例为 100∶75∶75∶43＋89。喙超过中足基节,末节与后跗节 2 节约等长。跗节第 1 节毛序为 2,3,2。腹管黑色,长为触角第 3 节的 1.4 倍,尾片有毛 4～7 根。

②有翅孤雌蚜　　腹部第 6～8 节各有背横带,第 2～4 节有缘斑。腹管后斑绕过腹管基部前伸。触角第 3 节有小环状次生感觉

圈4~10个,排成一列。喙末节为后跗节第2节的1.2倍。

(2)**发生规律** 黄河流域棉区一般苗蚜主要发生在5月中旬至6月中旬。个体较大,深绿色,适应偏低的温度,当5日平均气温超过25℃而相对湿度超过75%,或湿温系数>3时,它的繁殖受到抑制。当平均气温达到27℃以上时,苗蚜种群显著减退。最适温度为25℃,相对湿度为55%~85%,多雨气候不利于蚜虫发生,大雨对蚜虫有明显的抑制作用,而时晴时雨、阴天、细雨对其发生有利。地形、地貌对蚜虫迁飞影响很大,如遇障碍物,易形成发生中心,造成严重危害。一般单作棉田发生早而重,套作棉田则发生较迟。每年发生20~30代,早春在越冬寄主上繁殖2~3代后,产生有翅蚜迁入棉田危害棉苗,第一个危害高峰出现在5月上中旬,第二个危害高峰在6月上中旬,棉蚜的繁殖力很强,在早春和晚秋气温较低时,10多天可繁殖一代,气温转暖时,4~5天就繁殖一代,每头成蚜一生可产60~70头若蚜,繁殖期10多天。

(3)**危害特点** 苗期棉蚜以刺吸口器插入棉叶背面或嫩头部分,吸食汁液,棉苗受害后,使棉叶畸形生长,叶片向后卷曲,棉株嫩叶皱缩成团,推迟开花结铃。

图2-1 棉苗危害状(马奇祥 摄)

（4）防治关键技术　棉花苗蚜的防治以农业防治和生物控制为主,化学防治为辅。

①农业防治　种植抗虫品种是防治棉花蚜虫的有效措施,如中植372等。间作套种,可以增加天敌的种类和数量,控制蚜虫危害。如棉麦套种;棉花与绿豆、绿肥等间作;插花种植玉米、油菜、高粱等诱集作物。水旱轮作可以减轻棉蚜的发生。有条件的地方实行棉花和水稻轮作。处理越冬寄主,减少早春蚜源。一般在棉苗出土前,清除棉田内外杂草。有可能对花椒、石榴、木槿和冬青四大棉蚜越冬寄主进行药剂治理,可减轻棉田蚜量。

②化学防治

药剂拌种:使用600克/升吡虫啉,按种子重量的0.5～0.6%包衣;或使用70%噻虫嗪,按种子重量的0.4～0.5%进行种子处理,能控制蚜害40～50天。

滴心和涂茎:用50%乙酰甲胺磷、20%丁硫克百威80～100倍,用喷雾器将药液滴在棉苗顶部可有效控制苗蚜危害。用50%乙酰甲胺磷或20%丁硫克百威、聚乙烯醇和水,按1∶0.1∶5的比例配制成涂茎剂,用类似毛笔的器具,将药液涂在棉花茎上紫绿相间部位,防治苗蚜的效果达90%以上。

叶面喷雾:棉蚜始发生期(卷叶株率达10%～15%),用3%啶虫脒乳油1000倍液,或20%丁硫克百威乳油100倍液,或2.5%高效氯氟氰乳油1500倍液,或10%吡虫啉可湿性粉剂1000倍液均匀喷雾。

③保护与利用天敌　实行棉麦套种,棉田中播种或地边点种春玉米、高粱和油菜等,以招引天敌控制蚜虫。棉蚜的天敌有瓢虫、草蛉、小花蝽、姬猎蝽、食蚜蝇、蜘蛛、蚜茧蜂、跳小蜂和蚜霉菌等。当天敌总数与棉蚜数的比例是1∶40时,可以控制棉蚜。

2. 棉根蚜　棉根蚜(*Smythurodes betae westwood*)是棉花根部的刺吸害虫。近年来,在江浙棉区危害较重,在国内其他棉区有零星发生。据统计江浙棉区 1999 年年受害面积达 2 800 多公顷，严重受害面积计约 16.7 公顷，其中约有 9.3 公顷棉田造成绝收，另 73 余公顷平均每 667 平方米皮棉仅收 2.5 千克，比未受害棉田减产 72.2%。棉根蚜一旦传播，危害较大，且难于防治，因此棉根蚜成为棉田不容忽视的害虫之一。

(1)形态特征

①无翅孤雌胎生成蚜　卵圆体形，约 1.85×1.45 毫米。体色淡橘黄色至蜡白，体披蜡粉。头部额瘤呈平顶状。触角 5～6 节，约为体长的六分之一。尾片小，无腹管，半圆形。

②有翅孤雌胎生成蚜体　长卵圆形，约 2.1×1.1 毫米。胸黑褐色，额瘤较突出。触角 6 节。一龄无翅若蚜体长卵圆形，淡橘黄至浅红色，约 0.85×0.55 毫米，触角、足及喙部灰褐色，无腹管，足发达，爬行较快；二龄无翅若蚜月 1.09×0.8 毫米，体淡黄色至黄白色，少量披蜡粉，活动性弱；三龄无翅若蚜体卵圆形，淡黄至蜡白色，约 1.2×0.9 毫米，背部密披白色短毛，活动较弱；四龄无翅若蚜约 1.4×1.2 毫米。

(2)发生规律与特点　在江浙 1 带的棉田一年可发生 7～9 代，在 20℃～35℃条件下，完成一个世代需要 25～30 天。自然条件下世代重叠严重。一般该蚜以无翅成蚜、若蚜在棉地冬季杂草及冬季作物的神根部越冬。翌年，在杂草或冬作物上取食繁殖，有棉苗后逐渐转入棉田，5 月下旬棉花受害严重，至 6 月中旬和 7 月中旬达到高峰。11 月转出棉田越冬。该虫有假死性、怕光性，不同龄期活动能力不同，同时和蚂蚁还有共生的关系。

(3)危害特点　在棉苗根部吸收汁液，影响棉株止常生长，危害严重则叶片卷缩、脱落，甚至死亡。根部受害后，主根及侧根变细，白根少，色泽变黄，停止生长，严重时变黑腐烂。地上部分受害后变成僵苗，夜色深，植株小、叶片薄、晴天枯萎。

(4)防治方法　根蚜是局部间歇性发生的害虫，发生初期不易

图 2-2　棉根蚜及棉苗被危害状(马奇祥　摄)

发觉。根蚜发生危害较重棉区,每 667 平方米可用 3% 呋喃丹颗粒剂 2 千克拌种,防效可达 90% 以上;用 40% 辛硫磷 100 毫升稀释拌种,防效约在 70% 左右;也可用有机硫、有机磷等药剂灌根,防治效果较好。

3. 地老虎　地老虎属鳞翅目夜蛾科,能危害多种作物、蔬菜和杂草等,近年来棉花上危害较重。危害棉花的主要是小地老虎 [*Agrotis ypsilon (Rottemberg)*]、黄地老虎 [*Euxoa segetum (Schiffermti ller)*] 和大地老虎(*Agrotis tokionis Butler*)。小地老虎分布于各棉区,但在西北内陆棉区不危害棉花;黄地老虎主要分布在西北内陆棉区和黄河流域棉区;大地老虎常与小地老虎混合发生。

（1）形态特征（表2-1）

表2-1 三种地老虎形态特征比较

种类	卵	幼虫	蛹	成虫
小地老虎	馒头形,直径约0.5毫米、高约0.3毫米,具纵横隆线。初产乳白色,渐变黄色,孵化前卵顶端具黑点	圆筒形,老熟幼虫体长37～50毫米、宽5～6毫米。头部褐色,具黑褐色不规则网纹;体灰褐至暗褐色,体表粗糙、布大小不一而彼此分离的颗粒,背线、亚背线及气门线均黑褐色;前胸背板暗褐色,黄褐色臀板上具两条明显的深褐色纵带;胸足与腹足黄褐色。	体长18～24毫米、宽6～7.5毫米,赤褐有光。口器与翅芽末端相齐,均伸达第4腹节后缘。腹部第4～7节背面前缘中央深褐色,且有粗大的刻点,两侧的细小刻点延伸至气门附近,第5～7节腹面前缘也有细小刻点;腹末端具短臀棘1对。	体长17～23毫米、翅展40～54毫米。头、胸部背面暗褐色,足褐色,前足胫、跗节外缘灰褐色。前翅褐色,前缘区黑褐色,外缘以内多暗褐色;基线浅褐色,黑色波浪形内横线双线,黑色环纹内有1圆灰斑。肾状纹黑色具黑边、其外中部有1楔形黑纹伸至外横线,中横线暗褐色波浪形,双线波浪形外横线褐色,不规则锯齿形亚外缘线灰色,外缘线黑色。后翅灰白色,纵脉及缘线褐色,腹部背面灰色。
大地老虎	半球形,长1.8毫米,高1.5毫米,初淡黄后渐变黄褐色,孵化前灰褐色。	老熟幼虫体长41～61毫米,黄褐色,体表皱纹多。头部褐色,中央纵纹1对,额(唇基)三角形,各腹节2毛片与1毛片大小相似	长23～29毫米,初浅黄色,后变黄褐色。	体长20～23毫米,体暗褐色,翅展52～62毫米,前翅褐色,自前缘的基部至2/3处呈黑褐色,环状纹、肾状纹、棒状纹明显,无楔形黑斑.后翅灰黄色,外缘具有很宽的黑褐色边。

续表 2-1

种 类	卵	幼 虫	蛹	成 虫
黄地老虎	卵半圆形，底平，直径约0.5毫米。初产乳白色，以后渐现淡红色玻纹，孵化前变为黑色。	老熟幼虫体长33~43毫米，黄褐色，体表颗粒不明显，有光泽，多皱纹。腹部背面各节4个毛片，前2个与后2个大小相似。臀板中央有黄色纵纹，两侧各1个黄褐色大斑。	长16~19毫米，红褐色，腹部末节有臀刺1对，腹部背面第5~7节刻点小而多。	体长14~19毫米，翅展32~43毫米。全体黄褐色。前翅肾形纹、环形纹和楔形纹均甚明显，各围以黑褐色边，后翅白色，前缘略带黄褐色。

图 2-3　小地老虎成虫、幼虫和危害状(马奇祥　摄)

图 2-4　黄地老虎成虫、幼虫和蛹(马奇祥　摄)

　（2）发生规律与特点　小地老虎成虫活动，与温度关系极大。

当气温达 4℃～5℃时即可初见,大于 10℃后,气温越高,它的活动范围与数量越大。第一代幼虫危害的轻重与 4 月各旬气温上升的快慢有关,升温迅速,则有利于卵孵化和一、二龄幼虫生存,发生和危害就重。如 4 月下旬气温在 20℃以上,蛾量又大,就有大发生的可能。小地老虎在黄淮流域棉区一般每年发生 4 代。但是以第一代幼虫危害最重。第一代孵化盛期在 4 月中下旬,幼虫危害盛期在 4 月中旬至 5 月上旬。

大地老虎年生 1 代,以幼虫在田埂杂草丛及绿肥田中表土层越冬,长江流域 3 月初出土危害,5 月上旬进入危害盛期,气温高于 20℃则滞育越夏,9 月中旬开始化蛹,10 月上中旬羽化为成虫。每雌可产卵 1 000 粒,卵期 11～24 天,幼虫期 300 多天。

黄地老虎在黑龙江、辽宁、内蒙古和新疆北部 1 年发生 2 代,甘肃河西地区 2～3 代,新疆南部 3 代,陕西 3 代。一般以老熟幼虫在土壤中越冬,越冬场所为麦田、绿肥、草地、菜地、休闲地、田埂以及沟渠堤坡附近。一般田埂密度大于田中,向阳面田埂大于向阴面。3～4 月间气温回升,越冬幼虫开始活动,陆续在土表 3 厘米左右深处化蛹,蛹直立于土室中,头部向上,蛹期 20～30 天。4～5 月份为各地化蛾盛期。幼虫共 6 龄。陕西(关中、陕南)第一代幼虫出现于 5 月中旬至 6 月上旬,第二代幼虫出现于 7 月中旬至 8 月中旬,越冬代幼虫出现于 8 月下旬至翌年 4 月下旬。卵期 6 天。一至六龄幼虫历期分别为 4 天,4 天,3.5 天,4.5 天,5 天,9 天,幼虫期共 30 天。卵期平均温度 18.5℃,幼虫期平均温度 19.5℃。在黄淮地区黄地老虎发生比小地老虎晚,危害盛期相差半个月以上。在新疆一些地区秋季危害小麦和蔬菜,尤以早播小麦受害严重。黄地老虎严重危害地区多系比较干旱的地区或季节,如西北、华北等地,但十分干旱的地区发生也很少,一般在上年幼虫休眠前和春季化蛹期雨量适宜才有可能大量发生。新疆大田发生严重与否和播期关系很大,春播作物早播发生轻,晚播重;秋播作物则早播重,晚播轻。其原因主要决定于播种灌水期是否与成虫发生盛期相遇,南疆墨玉地区经验,5月上旬无雨,是导致春季黄地老虎严重发生的原因之一。

(3)危害特点 地老虎是棉花苗期的主要地下害虫,初在顶心昼夜啃食叶肉,留下表皮,形成"天窗"式被害状;幼虫稍大可将叶片咬透,形成小洞或缺口,也危害棉苗生长点,致使真叶长不出来,形成子叶肥大的"公棉花"或多头棉,这是低龄幼虫造成的常为人们疏忽的严重危害;三龄后幼虫入土昼伏夜出,从幼苗近地面处咬断嫩茎,特别是五、六龄的幼虫食量大,进入暴食期,能转移危害,有的能在已经木质化的红茎处咬断,把上半截幼苗托入洞中,常造成缺苗断垄。

(4)防治方法

①农业防治 棉田冬前深翻,翌年早春土壤翻浆时及时耙地,清除杂草,减少成虫产卵。播前精细整地,可消灭部分幼龄害虫。

②诱杀成虫 成虫发生期,用黑光灯、或杨树枝把、或泡桐树叶、或糖醋液(配制比例为糖∶醋∶酒∶水=1∶6∶1∶10)诱杀成虫防治。

③药剂防治

毒饵诱杀:90%敌百虫晶体200克或2.5%高效氯氟氰菊酯100毫升,对水5升,均匀喷洒50千克炒香的棉籽饼或豆饼或麦麸,或均匀喷洒50千克切碎的鲜嫩青草或青菜制成毒饵,日落后,将毒饵撒在幼苗附近或行间,可诱杀地老虎幼虫。幼苗出土前,于日落后田间撒毒饵,其防治效果更佳。

喷雾防治:棉花苗期用2.5%阿维菌素1500倍液,或2.5%高效氯氟氰菊酯1500倍液,4.5%高效氯氟氰菊酯1500倍液细致喷洒,可兼治棉蚜。注意田间杂草上也要喷洒。

④天敌保护与利用 地老虎天敌有甘蓝夜蛾拟瘦姬蜂、夜蛾拟瘦姬蜂、暗黑赤眼蜂、伏虎茧蜂,以及夜蛾土蓝寄蝇、双斑撒寄

蝇、灰等腿寄蝇等多种寄蝇,此外还有多种寄生菌类寄生。地老虎卵寄生占 13.8%,幼虫寄生占 26.3%,蛹寄生占 21.2%,对地老虎的发生数量有一定抑制作用。

4. 棉叶螨　棉叶螨一般在杂草、蚕豆等寄主上越冬,5月上中旬转入棉田危害。危害棉花的主要有朱砂叶螨、截形叶螨和土耳其斯坦叶螨。除土耳其斯坦叶螨只分布在新疆棉区外,朱砂叶螨、截行叶螨在我国南北方都有分布,两者有时互为优势种群。它们以成虫、若虫和幼虫群集叶背面刺吸汁液危害,并吐丝结网掩蔽虫体,是全国各棉区的一类棉虫。

(1)形态特征(表 2-2)

表 2-2　四种成螨形态区别

害虫种类	卵	(幼)若螨	雄成虫	雌成虫
朱砂叶螨	圆形,初期无色透明,逐渐变淡黄色或橙黄色,孵化前呈微红色	幼螨体近圆形,透明,具 3 对足;若螨体长 0.2 毫米,体现明显的黑斑,4 对足	体色常为绿色或橙黄色,较雌螨略小,体后部尖削。	体长 0.28~0.32 毫米,体红至紫红色(有些甚至为黑色),在身体两侧各具 1 倒"山"字形黑斑,体末端圆,呈卵圆形
截形叶螨			体长 0.35 毫米,体宽 0.2 毫米;阳具柄部宽大,末端向背面弯曲形成～微小端锤,背缘平截状,末端 1/3 处具 1 凹陷,端锤内角钝圆,外角尖削	体长 0.55 毫米,宽 0.3 毫米。体椭圆形,深红色,足及颚体白色,体侧具黑斑。须肢端感器柱形,长约为宽的 2 倍,背感器约与端感器等长。气门沟末端呈"U"形弯曲。各足爪间突裂开为 3 对针状毛,无背刺毛

续表 2-2

害虫种类	卵	(幼)若螨	雄成虫	雌成虫
二斑叶螨	球形,长0.13毫米,光滑,初产为乳白色,渐变橙黄色,将孵化时现出红色眼点	前若螨体长0.21毫米,近卵圆形,足4对,色变深,体背出现色斑。后若螨体长0.36毫米,与成螨相似	体长0.26毫米,近卵圆形,前端近圆形,腹末较尖,多呈绿色	体长0.42~0.59毫米,椭圆形,体背有刚毛26根,排成6横排。生长季节为白色、黄白色,体背两侧各具1块黑色长色斑,取食后呈浓绿、褐绿色;当密度大,或种群迁移前体色变为橙黄色。在生长季节绝无红色个体出现。滞育型体呈淡红色,体侧无斑
土耳其斯坦叶螨	圆球状,黄绿色。		雄螨小,体长0.33毫米,阳具柄部向背面形成1个大型端锤。其近侧突起钝圆,远侧突起尖利。端锤背缘在距后端1/3处具1明显角度	体长0.54毫米,宽0.26毫米,体卵形或椭圆形,黄绿色。须肢端感器柱形,端感器较背感器长。气门沟末端呈"U"形弯曲。后半体背表皮纹菱形。各足爪间呈3对针状毛

(2)发生规律与特点 棉叶螨是喜高温干燥的害虫。高温干旱有利于其繁殖危害。6～8月份温度越高(月平均气温大于25℃)、湿度越小(相对湿度小于70%),繁殖发育越快。小暑前后南风天数多,风力大(4级以上),扩散就快,危害面广。7、8月份雨水多,湿度大,对棉叶螨有明显的抑制作用。特别在棉株封行前,因植株矮小,大雨(日雨量大于25毫米)对虫口的抑制影响更大。棉株封行后,暴雨只能暂时减少虫口,3天后仍能回升。有时暴雨

造成的地面径流能帮助棉叶螨传播,反而成了促进因素。每年发生 13 代以上,从 4 月下旬至 9 月上旬,一般有 3～5 次危害高峰,5 月上旬后陆续迁移到棉田危害。棉叶螨最适发生的温度为25℃～30℃,相对湿度在 80％以下。棉叶螨 1 年在黄河流域棉区发生 12～15 代,长江流域棉区发生 15～18 代,华南棉区 20 代以上。

棉叶螨的繁殖方式有两种,一是孤雌生殖,不经过交配产卵繁殖,孵出的都是雄螨,雄螨与母体回交后产生的后代兼有雌雄两性;二是雌雄交配后产卵。棉叶螨的繁殖主要是靠两性生殖,雌螨一生交配 1 次,雄螨可多次交配,雌螨交配后 1～3 天即可产卵,产卵期 10～15 天,每次产卵 6～8 粒,一生可产卵 50～150 粒,最多可达 700 多粒。雌成虫经交配后繁殖的后代,雌雄比一般为 4.5∶1。

棉叶螨在棉田的发生期及一年中的消长情况,因各地的气候冷暖不同而有差别。一般表现为西北内陆棉区北疆和北部特早熟棉区的辽宁 7 月下旬至 9 月约发生一次高峰期;黄河流域棉区和西北内陆棉区的南疆 6 月中下旬到 8 月下旬发生两次高峰期;长江流域和华南棉区 4 月下旬至 9 月上旬约发生 3～5 次高峰。

棉叶螨传播扩散的途径很多:成螨、若螨作短距离爬行蔓延扩散;借风力传播。长江流域棉区的小暑南洋风季节,往往是棉花叶螨迅速蔓延、猖獗危害的盛期;暴雨以后的流水亦能携带棉花叶螨传播扩散,低洼棉田往往受害较重;棉田操作时,农具、衣物、耕畜也可携带叶螨传播;间套作棉田,前茬寄主作物成熟收获时,叶螨大量向棉株扩散,也是自然传播的主要途径之一。

(3)危害特点 棉叶螨的危害方式主要以刺吸口器在棉叶背面吸食汁液,以成、若螨聚集在棉叶背面吸食汗液危害,当一片棉叶背面有 1～2 头叶螨危害时,叶正面即显出黄、白斑点;有 4～5 头叶螨危害时,棉叶即出现小红点;叶螨越多,红斑越大。随着虫口增殖,红叶面积逐渐扩大,直至全叶焦枯脱落,严重者全株叶片脱光。

图 2-5　棉叶螨　　　　　　图 2-6　棉叶螨苗期危害
　　　　　　　　　　　　　情况(马奇祥　摄)

（4）防治方法

①农业防治　冬春季结合积肥清除田间地边杂草,冬耕、冬灌,消灭越冬虫源,不仅可减轻棉花叶螨对冬作物的危害程度,而且可大大压低棉田早期棉花叶螨的基数,对推迟棉花叶螨的发生期,有明显效果。

②化学防治　针对棉叶螨发生规律与特点,在药剂防治上要选用一些既能杀虫又能杀卵或残留期较长的农药。在红蜘蛛单发地块,受害棉花红叶率达到 7%～17% 可选用 20% 三氯杀螨砜可湿性粉剂 700～800 倍液喷雾,可以杀死卵和虫体;如需兼治其他害虫,可选用新型的有机氯杀螨杀虫剂,如 20% 双甲脒 1 000～1 500 倍+1.8% 阿维菌素 2 000～3 000 倍液喷雾,丙溴磷对防治棉叶螨、棉蚜、玉米螟效果也很好,该药效可持续 15～20 天;另外,也可结合当地农药市场,选用一些杀虫杀螨剂,可采用 0.15～0.2 波美度石灰硫黄合剂或与上述任何一种化学农药的混合剂进行防治,效果均较好。

③人工挑治,控制点片发生　采用检查与防治相结合的办法,逐畦逐行巡回检查棉株,发现个别叶片上有少数螨或卵时,随即用手抹杀,螨多的棉叶要摘掉,带出田外处理;如多数叶片有螨或卵时就要插上标记进行喷药防治,要做到发现一株喷一圈,发现一点喷周围一片,以防止蔓延危害。

④天敌保护与利用　棉田捕食棉花叶螨的天敌,目前已查明的有:食卵赤螨、拟长刺钝绥螨、塔六点蓟马、拟小食螨瓢虫、深点食螨瓢虫、黑襟毛瓢虫、七星瓢虫、四斑毛瓢虫、食螨瘿蚊、小花蝽、三色长蝽、大眼蝉长蝽、草间小黑蛛和中华草蛉等。这些天敌对棉花叶螨分别起着不同程度的控制作用。

5. 种蝇　种蝇[《Delia platura》(Meigen)]又名灰地种蝇、菜蛆、根蛆、地蛆。种蝇食性很杂,可危害多种作物,主要危害玉米、薯类、棉花、麻类,在菜区主要危害瓜类、豆类、葱蒜类及十字花科蔬菜,还可危害花生等作物。幼虫蛀食萌动的种子或幼苗的地下组织,引致腐烂死亡。以幼虫在土中危害播下种子,种蝇为世界性害虫,在南方发生较多。

(1)形态特征　成虫体长 4～6 毫米,雄稍小。雄体色暗黄或暗褐色,两复眼几乎相连,触角黑色,胸部背面具黑纵纹 3 条,前翅基背鬃长度不及盾间沟后的背中鬃之半,后足胫节内下方具 1 列稠密末端弯曲的短毛;腹部背面中央具黑纵纹 1 条,各腹节间有 1 黑色横纹。雌灰色至黄色,两复眼间距为头宽 1/3;前翅基背鬃同雄蝇,后足胫节无雄蝇的特征,中足胫节外上方具刚毛 1 根;腹背中央纵纹不明显。卵长约 1 厘米,长椭圆形,稍弯,乳白色,表面具网纹。幼虫蛆形,体长 7～8 毫米,乳白而稍带浅黄色;尾节具肉质突起 7 对,1～2 对等高,5～6 对等长。蛹长 4～5 毫米,红褐或黄褐色,椭圆形,腹末 7 对突起可辨。

(2)发生规律与特点　1 年发生 2～5 代,北方以蛹在土中越冬,南方长江流域冬季可见各虫态。种蝇在 25℃以上,完成 1 代需 19 天,春季均温 17℃需时 42 天,秋季均温 12℃～13℃则需51.6 天,每头雌虫可产卵 20～150 粒,卵期 2～4 天。产卵前期初夏 30～40 天,晚秋 40～60 天,35℃以上 70%卵不能孵化且幼虫、蛹死亡,故夏季种蝇少见。种蝇喜白天活动,幼虫多在表土下或幼茎内活动。

（3）危害特点　棉花播种后，成虫在种子附近土表产卵，卵孵化出幼虫蛀入种子和幼苗根茎中危害，取食胚乳或子叶，使种芽畸形、腐烂，使种子丧失发芽能力，形成大量缺苗断垄，受害轻时幼虫仅危害幼嫩的根茎部，有时幼虫可钻入幼苗基部危害。1粒种子内可有种蛆10余头，或钻入根、茎处危害。1年中以春季第1代幼虫发生数量最多。

（4）防治方法

①园艺措施　清除田间被害的种子和腐烂幼苗植株，以减少虫源。在播种育苗时，不要施用未腐熟的有机肥，施用后应及时翻土整地。花圃、绿地附近不要堆放垃圾和有机肥，以减少虫源。

②诱杀成虫　利用黑光灯诱杀种蝇成虫；或在成虫盛发期用2∶2∶5的红糖∶醋∶水加少量90%晶体敌百虫混合后，置于花苗中间光亮处诱杀。

③药剂防治　害虫发生严重时，可喷施20%高卫士可湿性粉剂1000倍液；或生物制剂根蛆净100倍液；或90%敌百虫800倍液泼浇苗床，杀死幼虫。

④天敌保护和利用　天敌种类很多，如寄生蜂、步行虫、益鸟、绿僵菌、白僵菌等，应积极开展生物防治。

6. 金针虫　金针虫是叩头甲类的幼虫，属鞘翅目，叩头虫科，种类很多。金针虫主要危害植物根部、茎基、取食有机质。取食棉花的主要有沟金针虫（Pleonomus canaliculatus）、细胸金针虫（Agriotes fuscicollis）、褐纹金针虫（Melanotus caudex）。北起黑龙江、内蒙古、新疆，南至福建、湖南、贵州、广西和云南等地均有分布。

（1）形态特征　成虫叩头虫一般颜色较暗，体形细长或扁平，具有梳状或锯齿状触角。胸部下侧有一个爪，受压时可伸入胸腔。当叩头虫仰卧，若突然敲击爪，叩头虫即会弹起，向后跳跃。幼虫圆筒形，体表坚硬，蜡黄色或褐色，末端有两对附肢，体长13～20

毫米。根据种类不同,幼虫期1～3年,蛹在土中的土室内,蛹期大约3周。成虫体长8～9毫米或14～18毫米,依种类而异。体黑或黑褐色,头部生有1对触角,胸部着生3对细长的足,前胸腹板具1个突起,可纳入中胸腹板的沟穴中。头部能上下活动似叩头状,故俗称"叩头虫"。幼虫体细长,25～30毫米,金黄或茶褐色,并有光泽,故名"金针虫"。身体生有同色细毛,3对胸足大小相同。

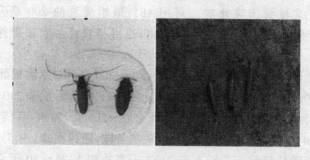

图2-7　沟金针虫成虫、幼虫(马奇祥　摄)

**图2-6　细胸金针虫成虫(左)、幼虫(中)、
褐纹金针虫(右)(马奇祥　摄)**

(2)发生规律与特点　金针虫的生活史很长,因不同种类而不同,常需3～5年才能完成一代,各代以幼虫或成虫在地下越冬,越冬深度约在20～85厘米间。6月中下旬成虫羽化,活动能力强。6月下旬至7月上旬为产卵盛期,卵产于表土内,卵发育历期8～21天。幼虫喜潮湿的土壤,一般在5月份10厘米土温7℃～13℃

时危害严重,7月上中旬土温升至17℃时即逐渐停止危害。

(3)危害特点　金针虫以幼虫在土壤中危害植物幼苗根茎部。危害时,可咬断刚出土的幼苗,也可侵入已长大的幼苗根里取食危害,被害处不完全咬断,断口不整齐。还能钻蛀较大的种子及块茎、块根,蛀成孔洞,被害株则干枯而死亡。成虫则在地上取食嫩叶。

(4)关键防治技术

①定植前土壤处理　可用48%地蛆灵乳油200毫升/667米²,拌细土10千克撒在种植沟内,也可将农药与农家肥拌匀施入。

②灌根　用15%毒死蜱乳油200~300毫升对水灌根处理。

③施用毒土　用48%地蛆灵乳油每667平方米200~250克,50%辛硫磷乳油每667平方米200~250克,加水10倍,喷于25~30千克细土上拌匀成毒土,顺垄条施,随即浅锄;用5%甲基毒死蜱颗粒剂每667平方米2~3千克拌细土25~30千克成毒土,或用5%甲基毒死蜱颗粒剂、5%辛硫磷颗粒剂每667平方米2.5~3.0千克处理土壤。

④5%辛硫磷颗粒剂每667平方米1.5千克拌入化肥中,随播种施入地下。

⑤发生严重时可浇水迫使害虫垂直移动到土壤深层,减轻危害。

⑥翻耕土壤,减少土壤中幼虫的存活数量。

7. 蓟马　危害棉花的蓟马主要有烟蓟马也叫棉蓟马(*Thrips tabaci Lindeman*)和花蓟马(*Frankliniella Formosa Monlton*)。全国各棉区都有分布,尤以新疆棉区和黄河流域棉区危害较重,长江下游较轻。近年来,黄河流域棉区苗期蓟马发生严重。蓟马除危害棉花外还取食烟草、葱类、瓜类、麻类、豆类、十字花科蔬菜、马铃薯等多种作物。

（1）形态特征（表2-3）

表2-3　烟蓟马和花蓟马形态特征比较

虫态	烟蓟马	花蓟马
成虫	体长1.0～1.3毫米，淡褐色，前胸与头等长，背板上有短而密集的鬃。翅淡黄色细长，翅脉黑色。后翅前缘有鬃毛，前后翅后缘的缨毛细长色淡。腹部圆筒形，末端较小	体长1.3～1.5毫米，雌虫淡褐色。头胸常为黄褐色。雄虫黄色。前胸前角有2根长鬃，靠近中线有稍短的1根长鬃，后角有2根长鬃。前翅清晰，黄褐色，翅脉鬃连续，前脉鬃19～23根
卵	乳白色，侧看为肾形，长0.3毫米	似烟蓟马，头方一端有卵帽
若虫	全体淡黄色，触角6节	全体橘黄色，触角7节

图2-6　蓟马放大状图

图2-10　蓟马危害状
（马奇祥　摄）

（2）发生规律与特点　烟蓟马在东北1年发生3～4代，华北6～10代，长江流域棉区以南10代以上。每代经历9～23天，夏季约15天。卵期和若虫期各为5天，蛹期3.7天，产卵前期1.5天，成虫寿命6.2天。每头雌虫可产卵10～30粒。以蛹、若虫或成虫在棉田土里、枯枝烂叶里以及大葱、蓖麻、白菜和豌豆等地2厘米深的土里越冬。3～4月间在早春作物和杂草上活动，4月下旬至5月上旬陆续迁入棉田危害。黄河流域危害盛期一般在5月中旬到 6 月中旬,新疆为 6 月下旬到 7 月下旬。成虫能借风力迁飞到远处。成虫多分布在棉株上半部叶上。成虫怕阳光,白天多在叶背面取食,夜晚或阴天时才在叶面活动。蓟马对蓝颜色有强烈的趋性。雌虫可行孤雌生殖,田间见到的绝大多数是雌虫,雄虫极少。卵产在棉叶背面的叶肉或叶脉里。一龄若虫多在叶脉两侧取食,体小色淡,不太活动;二龄若虫色稍深,易于辨别。二龄若虫老熟后,入土蜕皮变为前蛹,再蜕皮化蛹,最后羽化为成虫。蓟马喜欢干旱,最适宜的温度为 20℃～25℃,相对湿度 40％～70％,春季久旱不雨即是棉蓟马大发生的预兆。另外,凡是靠近蓟马越冬场所或附近杂草较多的棉田、土壤疏松的地块、葱棉间作或连茬的棉田以及早播棉田,一般发生较重。早春葱、蒜上的蓟马是侵入棉田的虫源之一,当年 3、4 月份间这些植物上虫口较高,棉苗初出土时受害严重。

间套种绿肥的棉田发生重,春季干旱的年份会大发生。蓟马喜欢干旱,最适宜的温度为 20℃～25℃,相对湿度 40％～70％,春季久旱不雨即是棉蓟马大发生的预兆。另外,凡是靠近蓟马越冬场所或附近杂草较多的棉田、土壤疏松的地块、葱棉间作或连茬的棉田以及早播棉田,一般发生较重。

花蓟马成虫以清晨和傍晚取食最烈,夜间较少,阴天全在叶背隐蔽处潜伏。卵产在棉叶背面组,其他植物则在花序枝梗,花瓣甚至花丝组织中。

(3)危害特点

①烟蓟马　棉苗子叶期受害后,生长点变成绣色枯死,常形成只有两片肥厚子叶 的"公棉花",其后有的死亡,造成缺苗,大部分 10 多天后,才发出几个新芽,形成"破头棉"。嫩棉叶受害后,变厚变脆,叶背面沿叶脉出现银白色斑点,危害重的成银白色条块带。叶正面出现黄褐色斑,叶面皱褶不平,变成畸形烂叶株。

②花蓟马　成虫和一、二龄若虫均可危害棉苗。成虫多在嫩

叶背面边缘取食,3 天后叶背面受害处形成白色有光泽的斑痕。嫩叶嫩芽受害,初呈锈斑,后即焦枯。若虫孵化后先爬行数分钟到半小时,才开始取食,一般 1.0～1.5 天后在子叶和嫩头上可造成明显锈斑,严重时 2 天后即可焦枯,危害性比成虫略大。棉苗受害主要在子叶期,若虫危害子叶期幼苗常造成焦头或无头苗。第 1、2 片真叶平展后,叶片及嫩芽受害均不明显。

(4)防治方法

①农业措施　棉田冬前深耕灌溉,清除田间及周围地边杂草,减少越冬虫源。棉苗出土后,结合田间定苗,早对"多头棉"进行整枝,去除多余赘枝,并适当施肥,促进棉株恢复;冬春结合积肥进行田间清滞,铲除田边地头杂草。此外,还可在田间设置蓝色粘板诱杀成虫,控制危害。

②药剂拌种　使用杀虫剂拌种或含杀虫剂的种衣剂剂型拌种。用 3%锐劲特,或 70%高巧或涕灭威等进行种子包衣处理,效果良好。

③药剂喷雾　苗期危害株率达 3%～5%,百株虫口 15 头时,及时用烟碱类化学农药防治。用 3%啶虫脒 1 000 倍乳油液,或 10%吡虫啉可湿性粉剂 1 000 倍液,或 2.5%天达高效氯氟氰菊酯乳 1 500 倍油液,或 2.0%天达阿维菌素 4 000 倍液交替均匀喷雾。

④天敌保护与利用　主要天敌有小花蝽、姬猎蝽、带纹蓟马等。

8. 蜗牛　蜗牛在我国各棉区均有分布,是长江流域和黄河流域棉区棉花苗期的重要有害生物。是一种雌雄同体、异体受精的软体动物,食性很杂,能危害小麦、大麦、棉花、豆类以及多种十字花科和茄科蔬菜等。

(1)形态特征

①成贝　体长 35 毫米,贝壳直径 20～23 毫米,灰褐色,共 5 层半,各层螺旋纹顺时针旋转。

成贝体灰黄褐色,螺壳上散生灰黑色斑纹,具5层螺层,头部有长、短触角各1对。

②幼贝　形态和颜色与成贝极相似,体型略小,螺层多在4层以下。

③卵　圆球形,初为白色,孵化前变为灰黄色,有光泽,一般10~20余粒粘集成乱堆。

图2-6　蜗牛成虫(马奇祥　摄)

(2)发生规律与特点　1年发生1~1.5代,寿命可达2年。成螺或幼螺均能在小麦或蔬菜的根部或草堆、石块、松土下面越冬,3~4月份开始活动,危害小麦嫩芽和叶片,在小麦抽穗灌浆期的夜间,可爬到麦穗上取食麦粒内的嫩浆。棉花出苗后,便转入棉田危害棉花,10~11月份转入越冬状态。成螺每年4~5月份和9~10月份交配产卵2次,卵多产于棉株旁土下深约1.5~2厘米处,卵孵化需15天以上。土壤湿润、苗期多雨、上年虫口基数大、绿肥蔬菜等连作的年份,蜗牛多猖獗危害。干旱年份发生轻。

(3)危害特点　食性很杂,能危害多种作物和蔬菜。以带尖锐小齿的舌头舔食作物幼嫩组织,咬成孔洞和缺刻,能把棉苗幼茎咬断。大群蜗牛危害时,能将大批叶片咬裂,特别是行走时分泌的白色条纹黏液和青色绳状粪便,板结遮结叶面,滋生病菌,影响棉花生长,造成减产。

(4)防治方法

①人工捕捉,集中杀灭　清晨、傍晚或阴天人工捕捉集中消灭。幼贝大量孵化时在棉苗行间堆草诱杀,也可将大麦脱粒后的

秸秆细末撒于四面阻止蜗牛爬行危害。

②喷雾防治　用茶子饼粉 3 千克撒施或用茶子饼粉 1～1.5 千克加水 100 千克,浸泡 24 小时后,取其滤液喷雾,也可用 50% 辛硫磷乳油 1 000 倍液喷雾。

③撒毒土、毒饵　砒酸钙 1.5 千克,拌细土 15 千克,每 667 平方米撒 15 千克毒土;蜗牛敌拌和炒香的棉饼粉 10 千克,于傍晚撒在棉畦地,每 667 平方米撒 5 千克;将新鲜杂草、莴笋等菜叶切碎,每 50 千克拌砒酸钙 2～2.5 千克,配成毒饵,于傍晚撒入棉田,每 667 平方米撒 10 千克。

9. 拟地甲　拟地甲为鞘翅目,拟步甲科。别名沙潜。主要分布在东北、华北和西北。

(1)形态特征　雌成虫体长 7.2～8.6 毫米,宽 3.8～4.6 毫米;雄成虫体长 6.4～8.7 毫米,宽 3.3～4.8 毫米。成虫羽化初期乳白色,逐渐加深,最后全体呈黑色略带褐色,一般鞘翅上都附有泥土,因此外观成灰色。虫体椭圆形,头部较扁,背面似铲状,复眼黑色在头部下方。触角棍棒状 11 节,第 1、3 节较长,其余各节呈球形。前胸发达,前缘呈半月形,其上密生点刻如细沙状。鞘翅近长方形,其前缘向下弯曲将腹部包住,故有翅不能飞翔,鞘翅上有 7 条隆起的纵线,每条纵线两侧有突起 5～8 个,形成网格状。前、中、后足各有距 2 个,足上生有黄色细毛。腹部背板黄褐色,腹部腹面可见 5 节,末端第 2 节甚小。卵椭圆形,乳白色,表面光滑,长约 1.2～1.5 毫米,宽约 0.7～0.9 毫米。初孵幼虫体长 2.8～3.6 毫米,乳白色;老熟幼虫体长 15～18.3 毫米,体细长与金针虫相似,深灰黄色,背板色深。足 3 对,前足发达,为中、后足长度的 1.3 倍。腹部末节小,纺锤形,背板前部稍突起成一横沟,前部有褐色钩形纹 1 对,末端中央有隆起的褐色部分,边缘共有刚毛 12 根,末端中央有 4 根,两侧各排列 4 根。蛹长 6.8～8.7 毫米,宽 3.1～4 毫米。裸蛹,乳白色并略带灰白,羽化前深黄褐色。

腹部末端有 2 钩刺。

(2)发生规律与特点　在东北、华北地区年发生 1 代,以成虫在土中、土缝、洞穴和枯枝落叶下越冬。翌春 3 月下旬杂草发芽时,成虫大量出土,取食蒲公英、野蓟等杂草的嫩芽,并随即在菜地危害蔬菜幼苗。成虫在 3～4 月份活动期间交配,交配后 1～2 天产卵,卵产于 1～4 厘米表土中。幼虫孵化后即在表土层取食幼苗嫩茎嫩根,幼虫 6～7 龄,历期 25～40 天,具假死习性。6～7 月份幼虫老熟后,在 5～8 厘米深处做土室化蛹,蛹期 7～11 天。成虫羽化后多在作物和杂草根部越夏,秋季向外转移,危害秋苗。沙潜性喜干燥,一般发生在旱地或较黏性土壤中。成虫只能爬行,假死性特强。成虫寿命较长,最长的能跨越 4 个年度,连续 3 年都能产卵,且孤雌后代成虫仍能进行孤雌生殖。

(3)危害特点　成虫和幼虫危害蔬菜幼苗,取食嫩茎、嫩根,影响出苗,幼虫还能钻入根茎块根和块茎内食害,造成幼苗枯萎,以致死亡。

(4)防治方法

提早播种或定植,错开沙潜发生期。用爱卡士 5％颗粒剂拌种或 25％爱卡士(喹硫磷)乳油 1 000 倍液喷洒或灌根处理。网目拟地甲危害严重的地区于播种前或移植前用 3％米乐尔颗粒剂,每 667 平方米 6 千克,混细干土 50 千克,均匀地撒在地表,深耙 20 厘米,也可撒在栽植沟或定植穴内,浅覆土后再定植。米乐尔在土壤中活性期为 2～3 个月,可有效地兼治金针虫、蛴螬、地老虎、跳甲幼虫、地蛆、根结线虫等地下害虫。

10. 蝼蛄　蝼蛄属于直翅目蝼蛄科,又称拉蛄,属于地下害虫。直主要危害棉花的为华北蝼蛄(Gryllotalpa unispina Saussure)、非洲蝼蛄(Gryllotalpa africana Palisot de Beauvois)和台湾蝼蛄(Gryllotalpa formosana)。华北蝼蛄主要发生于华北、西北、辽宁、内蒙古等地,非洲蝼蛄全国都有分布,台湾蝼蛄只分布于台湾、广东和广西一带。

(1)形态特征(表2-4)

表2-4　不同蝼蛄各生育期形态特征区别

种类	卵	若虫	成虫
华北蝼蛄	椭圆形,初产粒小黄白色,孵前2～3毫米深褐色	形似成虫,翅不发达,仅有翅芽	体长39～45毫米,黄褐色全身密生黄褐色细毛,前胸背板筒形,背中央有1深红色斑,前足特别发达,适于挖土行进
非洲蝼蛄	椭圆形,初为白色,后变暗紫色	熟若虫25毫米,暗褐色,共8～9龄	体略小于华北蝼蛄,长为30～35毫米,形态相似,淡黄色,密生细毛

图2-12　华北蝼蛄(马奇祥　摄)　　图2-13　非洲蝼蛄(马奇祥　摄)

(2)发生规律与特点　华北蝼蛄生活历期较长,北方大部地区需3年完成1代,以成虫及若虫在地下150厘米处越冬。春季土温回升至8℃时上升活动,在地表常留有10厘米左右长的隧道。4～5月份进入危害盛期,危害返青的冬小麦及春播作物。6月中旬以后天气炎热时潜入地下越夏产卵,每头雌虫可产卵80～800

余粒,卵期 10～25 天,8 月上至 9 月中旬危害秋菜和冬麦,其后以八、九龄若虫越冬,翌年以十二、十三龄若虫越冬,第三年若虫羽化以成虫越冬,越冬成虫第四年 5 月产卵。

非洲蝼蛄在江西、四川等地 1 年发生 1 代,黄淮及东北南部 2 年完成 1 代。以成虫和若虫越冬。年生一代区,越冬成虫 4、5 月份间产卵,越冬若虫 5、6 月份羽化成虫。在两年一代区,越冬成虫 5 月份开始产卵,6、7 月份为产卵盛期,若虫发育至 4～7 龄,在 40～60 厘米深土中越冬,翌年春羽化为成虫,4 月上中旬产卵,每头雌虫可产卵 60 余粒,若虫 8～9 龄,个别 15 龄,成虫寿命 114～251 天。成虫趋光性较强,行动也较华北蝼蛄灵敏,还趋牛马粪堆和末腐熟的有机物堆积多的地方。一年中从 4 月至 10 月春、夏、秋播作物均可遭受危害。黄淮流域从谷雨到夏至、夏播期间是防治蝼蛄最佳时间。

(3)危害特点 蝼蛄危害时,可危害刚播种或已发芽的种子,或扒悬表土,造成种子与土壤不能密接吸水,致使种子不能发芽;或将根茎扒成乱麻状,造成棉株萎蔫或发育不良;蝼蛄喜食刚发芽的种子,植物的根部,危害幼苗,不但能将地下嫩苗根茎取食成丝丝缕缕状,还能在苗床土表下开掘隧道,使幼苗根部脱离土壤,失水枯死。

(4)防治方法

①农业防治 及时中耕、除草、镇压、适当调整播种期,减少危害。

②药剂防治

施毒饵:用敌百虫 0.5 千克,对水 10 千克,均匀拌棉子饼或麦麸 50 千克。傍晚每 667 平方米撒毒饵 4～5 千克。每隔 2 米撒一小堆,可兼治地老虎。

堆马粪:施腐熟的有机肥料或施毒土。用呋喃丹、铁灭克等颗粒剂沟施,每 667 平方米使用 1.5～2 千克,对蝼蛄防效达 99％以上,同时可兼治苗期蚜虫、蓟马和棉叶螨。

　　③灯光诱杀　设置黑光灯、高压汞灯、频振式杀虫灯等诱杀成虫。

　　11. 蛴螬　蛴螬大多食性极杂,同一种蛴螬能危害双子叶和单子叶粮食作物、多种蔬菜、油料、芋、棉花、牧草以及花卉和果、林等播下的种子及幼苗。由于各地气候、土质、地势、作物的不同,主要危害种有所不同,且同一种地区往往多种混合发生。蛴螬是金龟甲幼虫的统称。别名白土蚕、大头虫、核桃虫、蛭虫等。其成虫统称金龟甲或金龟子,别名瞎撞、黑盖子虫、金巴牛等,是分布很广、危害较重的一类地下害虫。

　　(1)形态特征　蛴螬体肥大弯曲近"C"形,体大多白色。体壁较柔软,多皱。体表疏生细毛。头大而圆,多为黄褐色,生有左右对称的刚毛。胸足3对,一般后足较长。腹部10节,第10节称为臀节,其上生有刺毛。其数目和排列也是分种的重要特征。

图2-15　金龟子幼虫
(马奇祥　摄)

图2-14　大黑金龟子

　　(2)发生规律与特点　蛴螬年生代数因种、因地而异,多为1年1代或两年1代。以幼虫和成虫在土中越冬。越冬幼虫多在5

月中下旬前后,土温≥10℃时上升到表土危害,直至7月初。7月中旬到9月中旬间三龄幼虫下降到土中做土室化蛹,蛹期2～3周,羽化后一般在土中越冬。成虫白天潜入土中,傍晚出土活动、取食、交配。成虫能取食多种作物和树木的叶片或果树花芽。有假死性和较强的趋光性、喜湿性,对未腐熟的厩肥有较强的趋性。卵产在豆地、花生地或有机质较多的土壤中。

(3)危害特点 蛴螬食性杂,终生栖居土中,啃食萌发的种子、咬断幼苗、根茎、块根、块茎等,常造成幼苗枯死,缺苗断垄,甚至大面积毁种。被蛴螬危害的幼苗,其伤口极易遭受病菌的入侵,引起玉米的其他病害。成虫可危害棉花的叶片,吃成孔洞或缺刻,影响光合作用,而幼虫主要危害根部,严重时可造成缺苗断垄。

(4)防治方法 可采用毒饵或毒土诱杀,在苗床可采用毒土与毒饵相结合的方法进行,即每标准苗床用0.5千克呋喃丹或甲拌磷颗粒剂掺入钵土中,苗床播种覆土后,再用乙酰甲胺磷或敌百虫拌麦麸成堆放于床面上。

12. 棉盲蝽 我国危害棉花的盲蝽主要有绿盲蝽、苜蓿盲蝽、三点盲蝽、中黑盲蝽、牧草盲蝽等,均属于半翅目,盲蝽科。棉盲蝽除危害棉花外,还危害许多不同科的农作物,果树、蔬菜以及杂草等,其中主要有豆科绿肥、大麻、芝麻、蓖麻、豌豆、扁豆、向日葵、荞麦、艾蒿、碱草、石榴、苹果和桃等。

(1)形态特征(表2-5)

表2-5 五种盲蝽象形态识别特征

虫态	绿盲蝽	牧草盲蝽	中黑盲蝽	苜蓿盲蝽	三点盲蝽
成虫	体长5毫米左右，绿色。触角比体短。前胸背板上有黑色小刻点；前翅绿色，膜质部分暗灰色	体长5.6～6毫米，黄绿色。触角比体短。前胸背板上有橘皮刻点，侧缘黑色，后缘有2条黑纹，中部有4条纵纹。小盾片黄色，中央黑褐色下陷	体长6～7毫米，褐色。触角比体长。前胸背板中央有2个小黑圆点。小盾片和前翅爪片的大部分黑褐色	体长7.5毫米左右，黄绿色。触角比体长。前胸背板后缘有2个黑色圆点。小盾片中央有")("形黑纹	体长7毫米左右，黄褐色。触角与体等长。前胸背板后缘有黑色横纹，前缘有2个黑斑。小盾片和前翅的2个楔片黄绿色，呈3个明显的三角形斑
卵	长约1毫米。卵盖奶黄色，中央凹陷，两端突起，无附属物	长约1.1毫米。卵盖中央稍凹陷，边缘有1个向内弯曲的柄状物	长约1.2毫米。卵盖有黑斑，边缘有1个丝状附属物，向内弯曲	长约1.3毫米。卵盖平坦，黄褐色，边缘有1个指状突起	长约1.2毫米。卵盖上有1个杆状体
若虫	初孵时全体为绿色，复眼红色。5龄若虫体鲜绿色，复眼灰色，身上有许多黑色绒毛。翅芽尖端蓝色，达腹部第4节。腺囊口为1个黑色横纹	初孵时黄绿色。5龄若虫体绿色。前胸背板两侧、小盾片中央两侧和第3、4腹节间各有1个圆形黑斑	全体绿色。5龄若虫深绿色，复眼紫色。腹部中央色较浓	初孵时全体绿色。5龄若虫黄绿色，复眼紫色。翅芽超过腹部第3节。腺囊口为八字形	五龄若虫体黄绿色，密被黑色绒毛。翅芽尖端黑色，达腹部第4节。腺囊口横扁圆形，前缘黑色，后缘色淡

(2)发生规律

①绿盲蝽 在黄河流域棉区的大部分地区1年发生5代，长

图 2-16　盲蝽危害植株和幼蕾情况

图 2-17　绿盲蝽成虫(左)、三点盲蝽(中)、中黑盲蝽(右)

江流域棉区的大部分地区 1 年可发生 6 代。此虫产卵期长,田间世代重叠。以卵在苜蓿、苕子、蚕豆、石榴、木槿、苹果和蒿类等的断枝、残茬中以及棉花的断枝和枯铃壳内越冬。在长江流域以卵和成虫越冬。3 月下旬至 4 月初,当 5 日平均温度达 10℃时越冬卵开始孵化,先在越冬寄主上危害,完成一代后,到 6 月份陆续迁入棉田。8 月份以后,棉花花蕾减少,绿盲蝽从棉田向外迁移。第 5 代成虫 9 月份羽化,产卵越冬。各虫态历期以河南安阳为例,卵期第 1 代 10 天,第 2 代 8 天,第 3 代 7 天,第 4 代 10 天;若虫 5 龄,若虫期第 1 代 30 天,第 2 代 16 天,第 3 代 12.5 天,第 4 代 12 天,第 5 代 20 天;成虫寿命较长,雌虫 40～50 天,雄虫略短,其中产卵前期 6～7 天,卵期 30～40 天。

②苜蓿盲蝽　黄河流域大多一年完成 4 代,北京、新疆等地一年完成 3 代。以卵在植物组织内越冬,寄主较复杂,在越冬绿肥上较多。越冬卵 4 月上旬开始孵化,在原寄主上危害,5 月下旬陆续

迁入棉田。第 2 代卵盛孵期在 6 月上、中旬,第 3 代在 7 月中旬,危害棉花的主要是这两个世代。9 月中旬后末代成虫羽化,在越冬寄主上产卵越冬。

③中黑盲蝽　黄河流域大多 1 年发生 4 代,长江流域大多 1 年发生 5 代,陕西关中地区的发生期与苜蓿盲蝽相近。江苏东台县三仓测报站观察,中黑盲蝽的卵期较绿盲蝽长 1～2 天,若虫期则比较接近,第 1 代成虫始见期较绿盲蝽晚半个月。以卵在苜蓿、苕子、青蒿的茎内越冬。

④三点盲蝽　一年发生 1～3 代,当年降水量多少对发生代数影响较大。以卵在刺槐、杨、柳、柏、桃、杏等树皮伤疤内越冬。4 月下旬至 5 月上旬间,当 5 日平均温度达 18℃ 以上时开始孵化。若此时期干旱少雨,孵化期便会延迟;干旱时间长,即可影响当年发生世代数。三点盲蝽的若虫可借风力迁移到棉田、绿肥田危害。因此,它的越冬卵孵化虽晚于其他种类,但侵入棉田危害却较早,第 1 代若虫期为 24 天,第 2 代 15 天,第 3 代 15.5 天。

⑤牧草盲蝽　1 年发生 3～5 代。根据新疆莎车县室内饲养试验,在温度 17℃～19℃ 以下时,卵期为 17～23 天;24℃～26℃ 以下时,为 8～9 天。各代若虫期 12～16 天。以成虫在苜蓿、油菜、杂草、枯枝落叶及土缝内越冬。春季温度达 9℃ 以上时,越冬成虫开始活动;12℃ 以下时,成虫开始产卵;从 6 月份棉花现蕾后,即大量迁入棉田危害,特别是在灌水后,虫口骤增,8 月中旬又陆续外迁。海岛棉田由于播种较早,生长较快,前期虫口比陆地棉多,受害较重。

盲蝽成虫飞翔力强,行动敏捷活跃,有一定的趋光性,在棉田产卵有一定的选择性,一般在生长旺盛茂密的棉花上产卵多,在生长差的棉花上产卵少。产卵在植物组织内,多排列整齐,每处数粒至十数粒。绿盲蝽第一代成虫卵量最大,每头雌虫可产卵 250～300 粒,第 2、3 代约 100 粒左右,成虫寿命 30～50 天;苜蓿盲蝽、三点盲蝽的产卵量均不足百粒,成虫寿命 20 余天;牧草盲蝽的产卵量最高,平均 300～400 粒,最高可达 700 粒。卵孵化后,若虫呈放射性扩散。盲蝽成虫、若虫危害的症状,在棉花不同生育时期是不同的,苗期危害生长点,可形成"公棉花"、"破头风";蕾期幼蕾受害,由黄绿色变黑变干,似"荞麦粒",稍大的蕾受害后,苞叶张开,这些蕾不久均会脱落;花龄期幼铃受害严重,也会僵化脱落。

棉盲蝽的发生与气候条件有密切关系,特别是降水量和湿度影响更为明显。例如,三点盲蝽在恒温下测得卵的发育起点为 7.8℃±1.7℃时,气温达 18℃以上开始孵化,但在湿度低的情况下,卵却不孵化。河南安阳观察,1954 年 5 月份平均湿度不到 60%,很少孵化,到 5 月底大雨,6 月上旬的湿度达 80%左右时,卵就大量孵化;1955 年 5、6 两月的湿度都在 50%以下,卵不孵化,当 7 月初下了大雨,7 月 10 日左右卵才大量孵化。棉田盲蝽的发生危害与 6～7 月份降水量和降水期也有关。黄河流域棉区 6、7 月份的降水量如都超过 100 毫米,则发生量大;如降水量都低于 100 毫米,则发生量小。根据降水量和降水期,棉田盲蝽的发生可出现前峰型、后峰型、中峰型和双峰型 4 种不同情况。

(3)危害特点　棉花苗期几种盲蝽危害特点都是成、若虫刺吸棉株顶芽、嫩叶上汁液,幼芽受害形成仅剩两片肥厚子叶的"公棉花"。子叶期顶芽受害使真叶芽枯死,成为无头苗。3～6 叶期顶芽受害后,叶片破碎,嫩芽丛生,轻的新叶先出现黑色斑点,随叶生长为孔洞,称为破叶疯。

(4)防治方法

①农业防治　3 月份以前结合积肥除去田埂、路边和坟地的杂草,消灭越冬卵,减少早春虫口基数,收割绿肥不留残茬,翻耕绿肥时全部埋入地下,减少向棉田转移的虫量。科学合理施肥,控制棉花旺长,减轻盲蝽的危害。

②灯光防治　在成虫高峰期于夜晚点灯诱杀,双色灯大面积

诱集效果良好。

③化学防治 棉盲蝽的抗药性弱,一般在6月至7月初,当百株一代虫量为6~8头时,应及时用菊酯类和有机磷类或烟碱类农药防治,适用的化学药剂有:20%吡虫啉可湿性粉剂稀释800倍液,或2.5%溴氰菊酯乳油稀释3000倍液,或20%氰戊菊酯乳油稀释3000倍液,或45%马拉硫磷乳油稀释2000倍液喷雾。

④保护和利用天敌 棉盲蝽的寄生性天敌种类较少。捕食性天敌有蟹蛛、T纹豹蛛、管巢蛛等。

13. 野蛞蝓 野蛞蝓为蛞蝓科野蛞蝓属的动物。分布于欧洲、亚洲以及中国内地广东、海南、广西、福建、浙江、江苏、安徽、湖南、湖北、江西、贵州、云南、四川、河南、河北、北京、西藏、新疆、内蒙古等地。

(1)形态特征 成虫体伸直时体长30~60毫米,体宽4~6毫米;内壳长4毫米,宽2.3毫米。长梭型,柔软、光滑而无外壳,体表暗黑色、暗灰色、黄白色或灰红色。触角2对,暗黑色,下边一对短,约1毫米,称前触角,有感觉作用;上边一对长约4毫米,称后触角,端部具眼。口腔内有角质齿舌。体背前端具外套膜,为体长的1/3,边缘卷起,其内有退化的贝壳(即盾板),上有明显的同心圆线,即生长线。同心圆线中心在外套膜后端偏右。呼吸孔在体右侧前方,其上有细小的色线环绕。崎钝。黏液无色。在右触角后方约2毫米处为生殖孔。卵椭圆形,韧而富有弹性,直径2~2.5毫米。白色透明可见卵核,近孵化时色变深。幼虫初孵幼虫体长2~2.5毫米,淡褐色;体形同成体。

(2)发生规律与特点 一年繁殖2次,以成虫体或幼体在作物根部湿土下越冬。5~7月份在田间大量活动危害,入夏气温升高,活动减弱,秋季气候凉爽后,又活动危害。完成一个世代约250天,5~7月份产卵,卵期16~17天,从孵化至成贝性成熟约55天。成贝产卵期可长达160天。野蛞蝓雌雄同体,异体受精,亦可同体受精繁殖。卵产于湿度大有隐蔽的土缝中,每隔1～2天产一次,约1～32粒,每处产卵10粒左右,平均产卵量为400余粒。野蛞蝓怕光,强光下2～3小时即死亡,因此均夜间活动,从傍晚开始出动,晚上10～11时达高峰,清晨之前又陆续潜入土中或隐蔽处。耐饥力强,在食物缺乏或不良条件下能不吃不动。阴暗潮湿的环境易于大发生,当气温11.5℃～18.5℃,土壤含水量为20%～30%时,对其生长发育最为有利。

(3)危害特点 以成体和幼体危害,最喜食萌发的幼芽及幼苗,造成缺苗断垄。取食叶片成孔洞。严重时被害叶片像网筛一样,尤其以嫩叶受害最重。

(4)防治方法 采用高畦栽培、地膜覆盖、破膜提苗等方法,以减少危害。施用充分腐熟的有机肥,创造不适于野蛞蝓发生和生存的条件。清除田园、秋季耕翻破坏其栖息环境,用杂草、树叶等在棚室或菜地诱捕虫体。每667平方米用生石灰5～7千克,在危害期撒施于沟边、地头或作物行间驱避虫体。用48%地蛆灵乳油或6%蜗牛净颗粒剂配成含有效成分4%左右的豆饼粉或玉米粉毒饵,在傍晚撒于田间垄上诱杀;或用8%灭蛭灵颗粒剂每667平方米2千克撒于田间;或于清晨喷洒48%地蛆灵乳油1500倍液,或48%毒死蜱1500倍液。

14. 稻绿蝽 稻绿蝽(Nezara viridula var. smaragduta Fabricius)属半翅目,蝽科。寄主有棉花、水稻、玉米、芝麻、豆类、马铃薯、果树等。各棉区均有分布。

(1)形态特征 成虫有多种变型,各生物型间常彼此交配繁殖,所以在形态上产生多变。

①全绿型(代表型) 体长12～16毫米,宽6～8毫米,椭圆形,体、足全鲜绿色,头近三角形,触角第3节末及4、5节端半部黑色,其余青绿色。单眼红色,复眼黑色。前胸背板的角钝圆,前侧缘多具黄色狭边。小盾片长三角形,末端狭圆,基缘有3个小白

点,两侧角外各有 1 个小黑点。腹面色淡,腹部背板全绿色。

②点斑型(点绿蝽)　体长 13～14.5 毫米,宽 6.5～8.5 毫米。全体背面橙黄到橙绿色,单眼区域各具 1 个小黑点,一般情况下不太清晰。前胸背板有 3 个绿点,居中的最大,常为菱形。小盾片基缘具 3 个绿点中间的最大,近圆形,其末端及翅革质部靠后端各具一个绿色斑。

③黄肩型(黄肩绿蝽)　体长 12.5～15 毫米,宽 6.5～8 毫米。与稻绿蝽代表型很相似,但头及前胸背板前半部为黄色、前胸背板黄色区域有时橙红、橘红或棕红色,后缘波浪形。卵环状,初产时浅褐黄色。卵顶端有一环白色齿突。若虫共 5 龄,形似成虫,绿色或黄绿色,前胸与翅芽散布黑色斑点,外缘橘红色,腹缘具半圆形红斑或褐斑。足赤褐色,跗节和触角端部黑色。

(2)发生规律　稻绿蝽在浙江一带一年发生 1 代,广东年发生 2 代。江西可发生 2～3 代。越冬成虫在 3 月下旬至 4 月上旬开始活动,5 月中下旬开始产卵。成虫、若虫和卵在 6 月上旬至 11 月上旬均可见到。8～10 月份是发生危害高峰期。11 月下旬成虫开始越冬。成虫交配多在白天,产卵成块,每块有卵 40～50 粒。若虫有 5 个龄期。初孵若虫围于卵壳,至二龄开始取食。成虫有趋光性和假死性,以成虫在杂草丛或树木茂密处越冬。卵的发育起点温度为 12.2℃、若虫发育起点温度为 11.6℃,有效积温为 668 日度。

(3)危害特点　成虫和若虫主要危害棉花嫩顶、嫩叶和青铃。棉花嫩叶或顶部受害后,被害部位出现白色斑点,严重时干枯死亡。青铃被害部位出现小褐点,逐渐干瘪。常可传播棉铃真菌病害,使棉铃腐烂。

(4)防治技术

①农业防治　越冬卵孵化前(3 月份以前)清除棉田及周围杂草。

②化学防治 卵孵化后在越冬虫源集中地喷洒毒死蜱、丙溴磷等1500倍液，减少越冬虫源；苗期用乙酰甲胺磷等内吸性有机磷类农药药液滴心，既不伤害天敌，又可兼治苜蓿盲蝽、蚜虫和红蜘蛛等害虫；用20%灭多威、25%广克威、25%硫双威或5.7%氟氯氰菊酯1500～2000倍液均匀喷雾防治。

③天敌保护及利用 主要有寄生于卵的跳小蜂等。

15. 斑须蝽 斑须蝽（*Dolycoris baccarum Linnaeus*）属斑翅目，蝽科，又名细毛蝽。食性杂，寄主有棉花、水稻、麦类、玉米、高粱、谷子、烟草、亚麻、芝麻、豆类、蔬菜、果树和林木等。全国各地均有分布。

（1）形态特征 成虫体长8～13毫米，紫褐色，全体披有很多细毛，密布黑点。触角5节，各节先端黑色，基部黄白色。小盾片近三角形，末端较圆，光滑，淡黄色，无刻点。前翅革质部淡红褐至暗红褐色。腹部外露部分黄色，侧接缘的节缝两边黑色。足黄褐色，胫节末端及跗节黑褐色。卵粒圆筒形，初产浅黄色，后灰黄色，卵壳有网纹，生白色短绒毛，卵排列成平面块状，有盖。

若虫形态和色泽与成虫相同，略圆，腹部每节背面中央和两侧都有黑色斑。

（2）发生规律 斑须蝽在全国均有发生，一般1年可发生1～3代，宁夏、辽宁1年发生2代左右。食性杂，主要以棉花、水稻、麦类、玉米、高粱等为寄主。若虫有群集现象，以成虫在田间杂草、石缝土块下、枯枝落叶、栓皮裂缝中及房檐下越冬。翌年3月下旬至4月上旬开始活动，4月中旬交尾产卵，4月下旬至5月上旬孵化出第一代幼虫。第一代成虫于6月上旬羽化，羽化的成虫于6月中下旬产卵，7月上旬孵化出第二代若虫，8月中旬羽化为第三代成虫。成虫产卵，多将卵产在植物上部叶片正面或花蕾或果实的包片上，多行整齐纵列。初孵若虫群集危害，二龄以后分散危害，以刺吸式口器刺吸植物体液，影响植物的生长发育。成虫于

10月上中旬陆续越冬。

（3）危害特点　成虫和若虫刺吸嫩叶、嫩茎及穗部汁液。茎叶被害后，出现黄褐色斑点，严重时叶片卷曲，嫩茎凋萎，影响生长，减产减收。

（4）防治技术

①农业防治　越冬卵孵化前（3月份以前）清除棉田及周围杂草。

②化学防治　防汉方法参见"稻绿蝽"。

三、棉花病害

棉花苗期病害种类繁多，国内已发现的有20～30种。苗病的危害方式可分为根病与叶病两种类型。立枯病、炭疽病、红腐病和猝倒病等引起的根病最为普遍，是造成棉田缺苗断垄的重要原因；轮纹斑病、疫病、褐斑病和角斑病等引起的叶病，在某些年份也会突发流行，造成损失。在北方棉区，苗期根病以立枯病和红腐病为主，在多雨年份，猝倒病也比较突出，炭疽病的出现率相当高；叶病主要是轮纹斑病。在南方棉区，苗期根病以炭疽病为主，其次是立枯病，红腐病较北方棉区为少；叶病主要是褐斑病和轮纹斑病，近年来棉苗疫病和茎枯病在局部地区也曾造成严重损失。

（一）主要病害种类

在长江流域棉区，苗期根病以炭疽病、立枯病和红腐病为主，在多雨年份，猝倒病也比较突出，炭疽病的出现率相当高；叶病主要是轮纹斑病、褐斑病。随着育苗移栽技术的全面推广应用，尤其是工厂化育苗移栽技术和棉种包衣技术的应用，近年来在长江流域棉区苗期病害有减轻的趋势，大面积死苗现象已很少见。

各种苗期病害危害方式，苗期病害可分为根病与叶病2种类型。其中由立枯病、炭疽病、红腐病和猝倒病等引起的根病最为普遍，是造成棉田缺苗断垄的重要原因；由轮纹斑病、疫病、褐斑病和角斑病等引起的叶病，在某些年份也会突发流行，造成损失。一般而言，在北方棉区，苗期根病以立枯病和红腐病为主，在多雨年份，猝倒病也比较突出，炭疽病的出现率相当高；叶病主要是轮纹斑病。在南方棉区，苗期根病以炭疽病为主，其次是立枯病，红腐病较北方棉区为少；叶病主要是褐斑病和轮纹斑病，近年棉苗疫病和茎枯病在局部地区也曾造成严重损失。

此外，棉花苗期由于灾害性天气的影响或某些环境条件不适宜，还会发生冻害、风沙及涝害等生理性病害。尤其是新疆棉区，为了抢墒，棉花播种较早，往往3月底即开始播种，冻害、风沙时有发生，有些年份由此造成4、5次的毁种重播。

（二）病害发生规律和危害特点

1. 炭疽病　棉苗炭疽病在长江流域发生比较普遍，是南方棉区苗病中的主要病害，常造成棉苗生育延迟，是世界性的病害之一。致病菌是 *Colletotuichum gossypii Southw*，主要危害幼茎和子叶，但在后期也是叶斑和棉铃病害的主要病原菌之一。

当棉籽开始萌发后，病菌即可入侵，常使棉籽在土中呈水渍状腐烂；或幼苗出土后，先在幼茎的基部发生紫红色纵裂条痕，以后扩大成皱缩状红褐色梭形病斑，稍凹陷，严重时皮层腐烂，幼苗枯萎。炭疽病常在子叶的边缘形成半圆形的褐色病斑，病斑的边缘红褐色，干燥情况下病斑受到抑制，边缘呈紫红色，天气潮湿时病斑表面出现粉红色，叶缘常因病破裂。病原菌一般营无性繁殖，有性时代很少见到。病斑表面常产生红褐色黏物质，为病菌产生的大量分生孢子，孢子椭圆形，有时稍弯曲，无色，两端略圆或一端稍尖。种子是主要的传播媒介，病菌主要以粉孢子在棉籽短绒上越冬；此外，病菌还可随染病的茎、叶及棉铃病害等落入土中，使田间土壤带菌,雨水飞溅,使病菌污染棉铃,从而使种子带菌;同时,存在于土壤中的病菌也能成为翌年的侵染源。该病的流行的主要决定因素是温度与湿度,棉苗在多雨潮湿低温时最容易得病,致病适温 25℃～30℃,在一定湿度条件下,温度是影响该病发生严重与否的重要因素;在温度适宜时,湿度是左右该病流行蔓延的决定因子,相对湿度在 85％ 以上时,

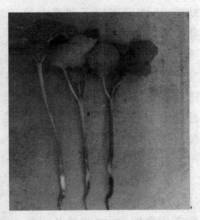

图 2-18

该病就会加剧危害,湿度低于 70％时,则不利于发病。在连续阴雨的情况下,往往导致温度下降,不利于棉苗生长,容易诱发病害流行,在长江流域棉区,苗期正值低温多雨,该病发生严重,成为主要苗期病害。

2. 红腐病 造成棉苗红腐病的致病菌有多种镰刀菌,主要是 *Fusarium moniliforme* Sheld. 病菌侵害棉苗根部,先在靠近主根或侧根尖端处形成黄色至褐色的伤痕,使根部腐烂,受害重时也会蔓延到幼茎。受病棉苗的子叶边缘常常出现较大的灰红色圆斑,在湿润气候条件下,病斑表面会产生一层粉红色孢子。在长江流域棉区,苗期根病以红腐病的出现率也很高,但其致病力则较弱。感染红腐病的幼苗,通常生长迟缓,发病严重的也会造成子叶萎黄,叶缘干枯,以致死亡。病原菌只产生无性世代,分生孢子有两种:大型分生孢子镰刀形,有 3～5 个隔膜;小型分生孢子椭圆形,两端稍尖,无隔膜。

3. 猝倒病 棉苗猝倒病是由真菌 *Pythium aphanidermatum* (Eds.) Fitz. 的寄生引起的。多在潮湿的条件下发病,主要危害

幼苗,也能侵害棉子和露白的芽。最初在茎基部出现黄色水渍状病斑,严重时成水肿状,并变软腐烂,颜色转成黄褐,棉苗迅速萎倒。它与立枯病不同之处是茎基部没有褐色凹陷病斑,在高湿的情况下,棉苗上常产生白色絮状物。

4. 轮纹斑病 轮纹斑病(黑斑病)是棉花生长中、后期常见的病害,但以苗期危害子叶的损失较重。病害由多种链格孢菌引起,主要为 *Alternar-*

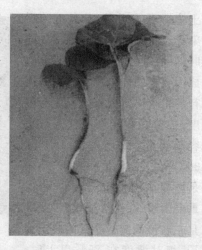

图 2-19 棉苗红腐病(马奇祥 摄)

ia tenuis Nees,多发生在衰老的子叶上,严重时也可以蔓延到初生真叶,引起死苗。被害的子叶,最初发生针头大小的红色斑点,逐渐扩展成黄褐色的圆至椭圆形的病斑,边缘为紫红色,一般具有同心轮纹,这是本病的特征。发病严重时,子

图 2-20 棉苗猝倒病(马奇祥 摄)

叶上出现大型的褐色枯死斑块,造成子叶枯死脱落。叶片和叶柄枯死后,菌丝会蔓延到子叶节,造成茎组织甚至生长点死亡。病菌分生孢子梗单一而短,分生孢子有许多纵隔和横隔,都是黑褐色。

5. 褐斑病 棉苗褐斑病的病致病菌是叶点霉菌,国内已记述了两个种:Phyllosticta gossypina Ell. et Martin 和 P. malkoffii Bub.。最初在子叶上形成紫红色斑点,后扩大成圆形或不规则形

黄褐色病斑,边缘为紫红色,稍有隆起。在苗期多雨年份往往发病严重,以致子叶和真叶满布斑点,引起凋落,影响幼苗生长。病斑表面散生的小黑点,是病菌的分生孢子器。分生孢子器叶球形,暗褐色,直径约46~92微米。孢子无色,单细胞,长椭圆形。

图 2-21　棉褐斑病(马奇祥　摄)

在人工接菌的条件下,棉苗疫病菌可以危害棉铃;反之,铃疫病菌也可以侵害棉苗。棉苗疫病菌为 Phytophthora boehmeriae Saw.。棉苗疫病在长江流域棉区的浙江、湖北部分地区比较流行,一些年份还造成大的损失,如 1973 和 1977 年因该病造成 17 000 公顷棉苗死亡,1976 年在江苏启东县疫病死苗重播面积高达 60%~

6. 疫病　在我国,疫病直到 1970 年代左右才被发现的棉苗病害。致病菌为疫霉属真菌。

图 2-22　棉苗疫病(马奇祥　摄)

70%。病斑圆形和不规则形水浸状,病斑的颜色开始时略显暗绿色,与健康部分差别不大,随后变成青褐色;在病斑出现不久,天气放晴,空气湿度很快下降,病斑部分失水呈淡绿色,遇日光照射后,不久呈黄褐色,病健部分界限明显,以后转成青褐色以至黑色。在高湿条件下,子叶水浸状,像被开水烫过一样,造成子叶凋枯脱落。真叶期症状与子叶期相同,严重时子叶和真叶一片乌黑,全株枯死。

(三)关键防治技术

对于棉苗病害的防治有各种技术措施,主要包括农业防治、种子处理、苗期喷药保护等。随着育苗移栽技术的全面推广应用,尤其是工厂化育苗移栽技术和棉种包衣技术的应用,近年来在长江流域棉区苗期病害防治措施主要采用种衣剂,已成为棉花苗期病害最有效的防治技术,使本区域棉花苗期病害得到很好控制。

1. 农业防治　苗期病害的发生和发展,决定于棉苗长势的强弱、病菌数量的多少及播种后的环境条件。防治措施的要点就是用人为的方法,减少病菌的数量,并采用各种农业技术,造成有利于棉苗生长发育而不利于病菌滋生繁殖的环境条件,从而保证苗全苗壮。由于病原菌种类多,发生情况复杂,发病的轻重与棉田土质、当年气候、茬口、耕作管理及种子质量等都有密切的关系。所以,在防治上要强调预防为主,采用农业栽培技术与化学药剂保护相结合的综合防治措施。

(2)选用高质量的棉种适期播种　高质量的种子是培育壮苗的基础,棉种质量好,出苗率高,苗壮病轻。以5厘米土层温度稳定达到12℃(地膜棉)~14℃(露地棉)时播种,即气温平均在20℃以上时播种为宜,早播引起棉苗根病的决定因素是温度,而晚播引起棉苗根病的决定因素则是湿度。

(2)深沟高畦　南方棉区春雨较多,棉田易受渍涝,这是引起大量死苗的重要原因。棉田深沟高畦可以排除明涝暗渍,降低土壤湿度,有利于防病保苗。

(3)轮作防病　在相同的条件下,轮作棉田比多年连作棉田的苗病轻,而稻棉轮作田的发病又比棉花与旱粮作物轮作的轻。据研究,前作为水稻的棉田,苗期炭疽病发病率为4.7%~6.3%,而连作棉田为11.7%~12.5%。棉田经种2~3年水稻后再种棉花,苗期防病效果在50%以上。因此,合理轮作,有利于减轻苗病,在有水旱轮作习惯的地区,安排好稻棉轮作,不仅可以降低苗病发病率,还有利于促进稻棉双高产。

2. 种子处理　苗期根病的传染途径主要是种子带菌和土壤传染,因而在防治上多采用种子处理和土壤消毒的办法来保护种子和幼苗不受病菌的侵害。进行种子处理比较简便省药,是目前防治苗病最常用的方法。

(1)**药液浸种**　药液浸种或闷种是 20 世纪 60～80 年代常用的防治棉花苗期病害、枯萎病和黄萎病的主要措施,方法为用抗菌剂"401"或"402"的稀释液浸种或闷种,可以有效地消灭棉子上的炭疽病菌,出苗也可提早 3～4 天。浸种时先配好稀释液,每 500克棉子用"401"药液"402"药液 1.0 千克对清水 2 000 千克,播前浸泡 24 小时。也可简化为用"401"1 千克,对水 100 千克,用喷雾器均匀地喷洒在 500 千克棉子上,然后堆起用麻袋盖好,闷种24～36 小时。但随着种子包衣技术的发展,目前棉种大部分为包衣的种子,药液浸种或闷种已基本上被淘汰。

(2)**药剂拌种**　因为种子和土壤都带多种病原菌,所以进行药剂拌种,保护棉苗安全出土和正常生长,是十分重要的。防治苗期根病有效的还有:拌种灵、三氯二硝基苯、甲(乙)基硫菌灵、20％甲基立枯磷、35％苗病净 1 号等,用量都是每百千克棉种拌药 0.5 千克。与上述原因一样,药剂拌种也已很少采用。

3. 种衣剂包衣　随着科技的进步,一些内吸杀虫和防病药剂的出现及固着剂的发明,为棉花苗期病害的防治提供了崭新而有效的措施。20 世纪 90 年代中期以后,随着棉花种子的商品化和产业化进展,以及抗虫棉的出现,目前棉花种衣剂的使用已成为棉种的必备。种子包衣能有效地防治棉苗病虫害和地下害虫,明显地提高出苗率,而且还能促进棉苗生长和提高棉花产量,兼其功效多、价格低、使用方便等优点,已在生产上得到大面积推广应用。如 16％吡·多·萎种衣剂、63％吡·萎·福干粉种衣剂、24％多

·克·唑种衣剂、17％多·福种衣剂、15％多·福·唑种衣剂、20％福·甲种衣剂,不同生态区应根据具体情况采用对应的棉花种衣剂。这是目前生产上最确实可行的防治各种棉花苗期病害的方法。

4. 苗期喷药保护 棉苗出土后还会受轮纹斑病和褐斑病等苗期叶病的侵害,因此要喷药保护棉苗,预防叶病。在棉花齐苗后,遇到寒流阴雨,轮纹斑病和褐斑病等就会发生,要在寒流来临前喷药保护。防治叶病的药剂有 1 : 1 : 200 波尔多液,65％代森锌可湿性粉剂 250～500 倍液,25％多菌灵可湿性粉剂 300～1 000 倍液,50％克菌丹 200～500 倍液等。

四、棉花草害

(一)主要草害种类

棉田杂草的第一次出草高峰通常发生在棉花苗期。由于棉花是宽行或宽窄行种植,苗期温度低,棉花生长缓慢,从出苗到封行约需 70～80 天,封行时间迟,杂草出苗危害时间长,更由于棉花生长季节多是高温多雨,杂草种类多,数量大。因此,管理不及时极易造成草荒。据调查,棉花播种后到棉苗子叶期平均每平方米有杂草 40～80 株,多的超过 400 株,常是棉苗密度的几到几十倍。

长江流域棉区,棉花苗期正值梅雨季节,杂草生长旺盛,加之阴雨连绵,常在 5 月中旬出现第一个出草高峰,持续 10～15 天,主要杂草有马唐、旱稗、繁缕、醴肠、千金子、异型莎草等;黄河流域棉区,棉花播种后随着气温的回升,棉田多种杂草陆续开始萌芽,至5 月中下旬在田间形成第一个出苗高峰,以牛筋草、狗尾草、马唐、旱稗、藜、马齿苋、反枝苋等为主;西北内陆棉区,从棉花播种后到5 月下旬出现第一个出草高峰,其间出土杂草占棉花全生育期杂草总数的 55％左右，主要有灰绿藜、稗草、扁秆藨草和马唐等。

（二）主要草害发生、分布和危害

1. 牛筋草［*Eleusine indica* （L.）Gaertn.］　属于禾本科杂草，俗名蟋蟀草。

图 2-23　牛筋草

1. 幼苗　2. 成株

（1）形态特征　秆丛生、斜升或偃卧，基部倾斜向四周开展，株高 15～90 厘米；须根较细而稠密，为深根性，不易整株拔起；叶鞘压扁且具脊，无毛或生疣毛，鞘口有柔毛；叶舌短，叶片扁平或卷折，无毛或表面常被疣基柔毛；穗状花序 2～7 枚，呈指状簇生于秆顶；小穗含 3～6 个小花；颖披针形，有脊，白色，内包 1 粒种子。

（2）幼苗　第 1 片真叶与后生叶折叠状相抱，幼苗全株扁平状，光滑无毛；秆基部倾斜向四周开展。

（3）分布及危害　种子繁殖，一年生草本。遍布全国各地，但以黄河流域和长江流域及其以南地区发生为多。5 月初出苗，并很快形成第一次出苗高峰，而后于 9 月份出现第二次出苗高峰，一般颖果于 7～10 月份陆续成熟。为秋熟旱作物田危害较重的恶性杂草，主要危害棉花、玉米、豆类、瓜类、蔬菜和果树等作物。是稻飞虱和稻苞虫等害虫的寄主。

2. 狗尾草［*Setaria viridis* （L.）*Beauv.*］　属于禾本科杂草，

俗名绿狗尾草、狗尾巴草、谷莠子、莠。

图 2-24 狗尾草
1. 幼苗　2. 成株

（1）形态特征　秆疏丛生，直立或倾斜，高 30～100 厘米。叶舌膜质，具长 1～2 毫米的环毛；叶片条状披针形，顶端渐尖，基部圆形；圆锥花序紧密，呈圆柱状，直立或微倾斜；小穗长 2～2.5 毫米，2 至数枚簇生于缩短的分枝上，基部有刚毛状小枝 1～6 条，成熟后与刚毛分离而脱落。幼苗第一叶倒披针状椭圆形，先端尖锐，长 8～9 毫米，宽 2.3～2.8 毫米，绿色，无毛，叶片近地面，斜向上伸出；叶舌毛状，叶鞘无毛，被绿色粗毛。叶耳处有紫红色斑。

（2）幼苗　胚芽鞘紫红色；第一片真叶倒披针状，先端尖锐，长 8～9 毫米，宽 2.3～2.8 毫米，绿色，无毛，叶片近地面，斜向上伸出；第一片真叶无叶舌，后生叶有毛状叶舌；叶耳处有紫红色斑。

（3）分布及危害　种子繁殖，一年生草本。4～5 月份出苗，5 月份中下旬形成出草高峰，7～9 月陆续成熟。广布全国各地，为秋熟旱作物田主要杂草之一，耕作粗放地尤为严重；对棉花、玉米、大豆等作物危害较重；并为水稻细菌性褐斑病及粒黑穗病的寄主，又是叶蝉、蓟马、蚜虫、小地老虎等诸多害虫的传播媒介。

3. 狗牙根［*Cynodon dactylon*（L.）Pers.］　属于禾本科杂草，俗名叫草、爬根草。

（2）形态特征　根状茎或匍匐茎。茎匍匐地面，于节上生根及分枝,花序轴直立,高 10～30 厘米。叶鞘有脊,鞘口常有柔毛,叶舌短,有纤毛;叶片条形,互生,下部因节间短缩似对生。穗状花序,3～6 枚呈指状簇生于秆顶;小穗灰绿色或带紫色,长2～2.5 毫米,通常有 1 小花;颖在中脉处形成背脊,有膜质边缘。

（2）幼苗　第一片真叶带状,叶缘有极细的刺状齿,具很窄的环状膜质叶舌,顶端细齿裂,有 5 条直出平行脉;第 2 片真叶线状披针形,有 9 条平行脉。

（3）分布及危害　多年生草本,以匍匐茎繁殖为主。狗牙根喜光而不耐阴,喜湿但较耐旱。狗牙根繁殖

图 2-25　狗牙根

能力很强。分布于黄河流域及其以南各省。4 月初从匍匐茎或根茎上长出新芽,4～5 月迅速扩散蔓延,交织成网状而覆盖地面,6月份开始陆续抽穗、开花、结实,10 月份颖果成熟。经营粗放的果园和农田危害尤为严重,由于其植株的根茎和匍匐茎着土即又生根复活,难以防除。

4. 反枝苋（*Amaranthus retroflexus* L.）　属于苋科（Amaranthaceae)杂草,俗名西风谷、野苋菜、人苋菜。

(1)形态特征　茎直立,有分枝,稍显钝棱,密生短柔毛,高20～80 厘米;叶互生,具短柄,菱状卵形或椭圆状卵形,先端锐尖或微凹,基部楔形,全缘或波状缘,两面及边缘具柔毛,圆锥花序较粗壮,顶生或腋生,由多数穗状花序组成。种子倒卵形至圆形,略扁,表面黑色,有光泽。

(2)幼苗　子叶披针形,背面紫红色;初生叶 1 片,先端钝圆,

图 2-26 反枝苋
1. 幼苗　2. 成株

区危害重。

5. 藜（*Chenopodium album* L.）　属于藜科（Chenopodiaceae）杂草，俗名灰菜、灰条菜、落藜。

（1）形态特征　茎直立，多分枝，株高 60～120 厘米，有棱和绿色的纵条纹；叶互生，具长柄，叶片菱状卵形至宽披针形，叶基部宽楔形，叶缘具不整齐锯齿，下面生有粉粒，灰绿色；花两性，数个花集成团伞花簇，由花簇排成密集或间断而疏散的圆锥状花序，顶生或腋生；花小，黄绿色，花被片 5，宽卵形至椭圆形，具纵隆脊和膜质边缘；雄蕊 5，柱头 2；种子双凸镜形，直径 1.2～1.5 毫米，黑色。

具微凹，叶缘微波状，背面紫红色；后生叶顶端具凹缺，具睫毛；全株有短柔毛。

（3）分布及危害　一年生草本，种子繁殖。分布广泛，适应性强，喜湿润环境，也比较耐旱。4 月初出苗，4 月中旬至 5 月上旬为出苗高峰期，花期 7～8 月份，果期 8～9 月份，种子量大。为棉花、花生、豆类和玉米地等旱作物地及菜园、果园、荒地和路旁常见杂草，局部地

图 2-27 藜
1. 花序　2. 幼苗　3. 成株

（2）幼苗　子叶披针形，具粉粒；初生叶互生，三角状卵形，叶基戟形；幼苗全株灰绿色。

（3）分布及危害　一年生草本，种子繁殖。除西藏外，我国各地均有分布。3～4月份出苗，7～8月份开花，8～9月份成熟，种子量大。主要危害棉花、豆类、小麦、蔬菜、花生、玉米等旱作物及果树，常形成单一群落。也是地老虎和棉铃虫的寄主，有时也是棉蚜的寄主。

6. 鳢肠（*Eclipta prostrata* L.）

属于菊科杂草，俗名叫墨旱莲、旱莲草、墨草、还魂草。

（1）形态特征　茎直立，下部伏卧，基部多分枝，节处生根，株高15～60厘米；茎绿色或红褐色，疏被糙毛。叶对生，无柄或基部叶有柄，叶片椭圆状披针形或条状披针形，全缘或略有细齿，基部渐狭而无柄，两面被糙毛。头状花序腋生或顶生，有梗，直径5～10毫米；总苞片5～6枚，绿色，被糙毛；全株干后常

图 2-28　鳢肠
1. 单株　2. 群体
3. 花序　4. 果实

变为黑褐色；瘦果黑褐色，顶端平截。

（2）幼苗　初生叶阔卵形，光滑无毛，上下胚轴密被向上伏生毛；茎叶折断后，液汁很快变为蓝褐色。

（3）分布及危害　一年生草本，种子繁殖。喜湿耐旱、抗盐、耐瘠、耐阴，具有很强的繁殖力。5～6月份出苗，7～8月份开花结果，8～11月份果实渐次成熟。分布于全国大部分地区，是棉花、大豆和甘薯地及水稻田中危害严重的杂草。在棉田和豆田中化学

防除比较困难,为局部地区恶性杂草。

7. 马齿苋(*Portulaca oleracea* L.) 属于马齿苋科(Portula-caceae)杂草,俗名马齿菜、马蛇子菜、马菜。

(1)形态特征 肉质草本,常匍匐,无毛,茎带紫色;叶互生或假对生,楔状长圆形或倒卵形,先端钝圆、截形或微凹,有短柄,有时具膜质的托叶。花小,直径 3～5 毫米,无梗,3～5 朵生枝顶端;花萼 2 片,花瓣 4～5 片,黄色,先端凹,倒卵形;雄蕊 10～12 枚,花柱顶端 4～5 裂,成线形。

(2)幼苗 子叶椭圆形或卵形,先端钝圆,无明显叶脉,稍肉质,带红色;幼苗体内多汁液,折断茎叶易于溢出。

图 2-29 马齿苋
1. 幼苗 2. 花序 3. 单株

(3)分布及危害 一年生草本,种子繁殖。春夏季都有幼苗发生,盛夏开花,夏末秋初果实成熟,种子量大。为世界恶性杂草,混生于各种作物中。主要危害棉花、豆类、薯类、花生、蔬菜等作物。在土壤肥沃的蔬菜地和大豆、棉花地危害严重,以华北地区危害程度最高。

8. 异型莎草(*Cyperus difformis* L.) 属于莎草科(Cyper-aceae)杂草,俗名球穗莎草、球穗碱草、球花碱草。

(1)形态特征 秆丛生,扁三棱形,株高 5～65 厘米;叶基生,条形,叶短于秆;叶状苞片 2～3 片,长于花序;长侧枝聚伞花序简单,少数复出,穗生于花序伞梗末端,密集成头状。

(2)幼苗 子叶留土;第一片真叶线状披针形,有 3 条直出平行脉,叶片横剖面呈三角形,叶肉中有 2 个气腔,叶片与叶鞘处分界不显,叶鞘半透明膜质,有脉 11 条,其中有 3 条较为显著。

(3)分布及危害　一年生草本,种子繁殖。北方地区,5～6 月份出苗,8～9 月份种子成熟,经越冬休眠后萌发,长江中下游地区一年可发生两代。分布于全国各地,主要危害水稻田及低湿旱地,棉田多发生于长江流域棉区。

(三)关键防治技术

1. 农业防治

(1)中耕除草　中耕除草是传统的棉田除草方法,生长在作物田间的杂草通过人工或机械中耕可及时去除。中耕除草针对性强、干净彻底、技术简单,不但可以防除杂草,而且给棉花提供了良好的生长条件。在棉花的整个生长过程中,根据需要可进行 2～3 次中耕除草,除草时要抓住有利时机,除早、除小、除彻底,不得漏锄,留下小草会引起后患。农民在中耕除草中总结出"宁除草芽、勿除草爷",即要把杂草消灭在萌芽时期。机械中耕除草比人工中耕除草先进,工作效率高,一般在机械化程度较高的农场均采用此法。在播种时留下机械耕作的位置,便于拖拉机进地中耕。

(2)地膜覆盖　地膜覆盖不仅能增温保墒、培育壮苗,而且能阻止杂草生长,膜内高温对阔叶杂草灼杀力较强,可有效杀死多数阔叶杂草。除草膜的推广和应用更加充分地体现了农膜的除草作用。

(3)人工除草　在劳动力较充裕时,可以结合培土护根和起垄,进行人工除草,也可结合田间作业如放苗、定苗等拔除膜上和行间杂草。特别是在中耕除草后或使用灭生性除草剂后,对靠近棉株的杂草更需要人工拔除。人工除草虽然费工、费时,但作为一种辅助的措施还是十分必要的。

2. 化学防治　在黄河流域和长江流域棉区,从 4 月下旬播种到7月中下旬棉花封行的较长一段时间内，一直会有杂草出苗生长，播种期施用的土壤处理除草剂只能控制第一次出草高峰和6月上中旬以前发生的杂草，之后可结合中耕除草或喷施第二次化学除草剂，以控制6月中旬到7月初第二个出苗高峰发生的杂草。对于播种前或播后苗前未能及时封闭除草的田块，在杂草基本出齐，且仍处于幼苗期时定向喷施除草剂（表2-6）。

表2-6　棉花苗期杂草的化学防治

杂草类型	通用名	商品名	类型	防除对象	使用剂量	施药适期和使用要点
以禾本科杂草为主的棉田	精恶唑禾草灵	威霸、骠马	芳氧基苯氧基丙酸类	禾本科杂草	防治一年生禾本科杂草用6.9%浓乳剂750～1050毫升/公顷，防治多年生禾本科杂草用1050～1200毫升/公顷	加水300～450升均匀喷雾。威霸的选择性强，可在棉花的任何生长期施药，但防除一年生禾本科杂草的最佳施药时期为杂草出苗后2叶1期至分蘖期；防治多年生禾本科杂草要在杂草孕穗期。在温度高、土壤湿度合适、杂草生长茂盛时，除草效果好；低温干旱时，杂草生长慢，防除效果差
以禾本科杂草为主的棉田	精吡氟禾草灵	精稳杀得	芳氧基苯氧基丙酸类	禾本科杂草	防治一年生禾本科杂草用15%乳油750～1050毫升/公顷，防治多年生禾本科杂草用1200～1500毫升/公顷	防除一年生禾本科杂草3～5叶期施药效果好。气温高、天气干旱、杂草生长状况不良时施药，杂草对药剂吸收差，防效降低，可适当增加用药量。施药后3小时内下雨，应重新喷药。若用精稳杀得与杂草焚、苯达松、克芜踪等配合使用，提高对阔叶杂草的防治效果时，不能将两种除草剂直接混合使用，而且分开使用的间隔要保证7天以上，以免产生药害

续表 2-6

杂草类型	通用名	商品名	类型	防除对象	使用剂量	施药适期和使用要点
以禾本科杂草为主的棉田	精禾草克	精喹禾灵	芳氧基苯氧基丙酸类	禾本科杂草	防治一年生禾本科杂草用5%乳油750~1050毫升/公顷,防治多年生禾本科杂草用药量增加40%~60%	防除一年生禾本科杂草3~5叶期施药效果好。加水450升均匀喷雾。杂草叶龄小、杂草生长旺盛、水分条件好时用药量低,杂草大、环境干旱时用高剂量
	高效吡氟甲禾灵	高效盖草能	芳氧基苯氧基丙酸类	禾本科杂草	防治一年生禾本科杂草用10.8%乳油600~900毫升/公顷,防治多年生禾本科杂草用900~1200毫升/公顷	从杂草出苗到生长盛期均可施药,在杂草3~5叶期施用效果最好。遇干旱天气可适当增加药量
以禾本科杂草为主的棉田	稀禾啶	拿捕净	环己烯酮类	禾本科杂草	20%乳油或12.5%机油乳剂1200~1800毫升/公顷,防治多年生杂草用1500~2250毫升/公顷	在禾本科杂草3~5叶期,加水450千克均匀喷雾。天气干旱或草龄较大时可适当加大用药量

续表 2-6

杂草类型	通用名	商品名	类型	防除对象	使用剂量	施药适期和使用要点
以禾本科杂草为主的棉田	烯草酮	收乐通、赛乐特	环己烯酮类	禾本科杂草	防治一年生禾本科杂草用12%乳油450～600毫升/公顷,防治多年生禾本科杂草用660～1200毫升/公顷	在一年生禾本科杂草3～5叶期,兑水450kg,喷头朝下对杂草均匀喷雾。天气干旱或草龄较大时,杂草的抗(耐)药性强,用药量应适当提高。收乐通施药后杂草死亡需要较长时间,施药后3～5天杂草虽未死亡,叶子可能仍呈绿色,但心叶枯黄可拔出,不要急于再施除草剂。长期干旱、低温(15℃以下)、空气相对湿度低于65%时不宜施药。水分适宜,空气相对湿度大,杂草生长旺盛时施药,最好在晴天上午喷洒
在阔叶杂草为主的棉田	氟磺胺草醚	虎威	二苯醚类	阔叶杂草	25%水剂1050～1500毫升/公顷	当棉花株高达30厘米以上时,在棉花行间定向喷雾于杂草的茎叶上。且应在无风或微风时使用,并配备安全保护罩,以防喷到棉花上产生药害。虎威对禾本科杂草无效,若禾本科杂草也较重发生时,可与高效盖草能、精禾草克、威霸、精稳杀得等配合使用,提高除草效果
	三氟羧草醚	杂草焚	二苯醚类	一年生阔叶杂草及部分禾本科杂草	21.4%水剂900～1500毫升/公顷	在棉花株高达30厘米以上时,对水450千克,在棉花行间定向喷雾于杂草的茎叶上

棉花苗期杂草仍陆续出苗,且杂草较小,因此,可以将具有杀草活性和封闭除草作用的除草剂混合使用,既可以杀死已经出土

的幼苗，又可以防治即将出土的杂草。常用除草剂品种和用量为：5％精喹禾灵乳油 750～1050 毫升/公顷＋50％乙草胺乳油 1 500～2 250 毫升/公顷、5％精喹禾灵乳油 750～1 050 毫升/公顷＋33％二甲戊乐灵乳油 2 250～3 000 毫升/公顷、12.5％稀禾啶乳油 750～1 050 毫升/公顷＋72％异丙甲草胺乳油 2 250～3 000 毫升/公顷、24％烯草酮乳油 300～600 毫升/公顷＋50％异丙甲草胺乳油 2250～3000 毫升/公顷。在棉花幼苗期、封行前，对水 450 千克，均匀喷施。另外，75％嘧硫草醚水分散粒剂 45～135 克/公顷或 75％三氟啶磺隆钠盐（英斧）水分散粒剂 22.5～30 克/公顷，具有较好的封闭除草效果，可以有效防治多种一年生杂草，且在棉花苗期 2～3 片真叶期之前使用相对安全，但对 3～4 叶期之后的棉花易产生药害，因此在棉花中后期使用时应慎重。

　　麦棉套作田，在 5 月底至 6 月初麦子收割后，随着雨季的来临，杂草大量萌发，此时，应进行第二次化学除草，一般在麦收灭茬整地后进行全田施药，且时间应赶在雨季到来之前。可选择的茎叶处理除草剂有威霸、收乐通、精稳杀得、精禾草克、高效盖草能、拿捕净、草甘膦、克芜踪等，用药量和施药方法参照露地直播和移栽棉田。此外，小麦收获时留高茬，免灭茬，麦秸秆干脆后顺同一个方向压倒，也可以抑制杂草生长，减轻化除压力。

　　麦（油菜）后直播或移栽棉田，由于苗期棉苗小、茎秆嫩，杂草又是当年生的，且以禾本科杂草为主，故用药量要适当减少。喷雾时用手动喷雾器，喷头加上防护罩，采取定向喷雾，尽量压低喷头，近地面喷雾，棉株基部的杂草先用脚压倒再喷药。每公顷可用 30％草甘膦水剂 12 千克＋90％禾耐斯乳油 800 毫升，对水 450 升均匀喷雾。喷药时选择晴朗无风天气，尽量避免将药液溅到棉株上。此时，也可选用威霸、收乐通、精稳杀得、拿捕净、精禾草克、高效盖草能作茎叶处理。

第三章　蕾期主要病虫草害防治

一、棉花生长特点

　　棉花从现蕾到开花称为蕾期。春棉一般在6月上中旬现蕾,7月上中旬开花;夏棉6月中下旬现蕾,7月20日前后开花,约历时25~30天。棉花现蕾后则进入营养生长与生殖生长并进生长时期,棉株既长根、茎、叶、枝,又进行花芽分化和现蕾,但仍以营养生长占优势,以扩大营养体为主。高产棉田蕾期棉株株型紧凑,茎秆粗壮,果枝平伸,叶片大小适中,蕾多蕾大。若株型松散,叶大蕾小,是旺苗;株型矮小,秆细株瘦,叶小蕾少是弱苗。现蕾以后,植株开始从营养生长期向生殖生长期过渡,仍以营养生长为主。此期是棉铃虫、盲蝽象、棉红蜘蛛、棉枯黄萎病、茎枯病、苋菜、藜等多种病虫草害的发生危害期,如防治不力,常造成死株或引起蕾、花大量脱落,影响成铃与棉花品质。

　　但棉花具有很超强的补偿能力。如去除棉花蕾铃使每株只留下2个棉铃时,棉株的叶、茎、根中的淀粉含量均增加,总糖分别增加9~20%、20%~45%、30%~60%,蛋白质含量也有所增加,同时棉花损失部分早期蕾后,现蕾总数增多,蕾铃脱落率下降,成铃数增多,铃重增大。棉花初花期打顶后,C_{14}在各部位器官呈均衡状态分布,而未打顶的棉株,有78%以上的同化产物积累在上部生长最盛的器官内。另据研究,棉花打顶后,叶内磷含量也显著减少而铃内的含量却显著增加,在果枝上去除叶片或蕾铃后,运向下剩部位的同化产物均增加。因此,蕾期棉花害虫的防治应充分考虑到棉花的补偿能力,适当放宽防治指标,减少化学农药的施用量,以期获得更佳的经济效益和生态效益。

二、棉花害虫

(一)主要害虫种类

棉花现蕾以后,植株开始从营养生长期向生殖生长期过渡,仍以营养生长为主。此期主要害虫是二代棉铃虫、棉盲蝽、棉叶螨、红铃虫、玉米螟、棉茎木蠹蛾、造桥虫、棉大卷叶螟、甜菜夜蛾、斜纹夜蛾、棉象甲、棉叶蝉、美洲斑潜蝇、烟粉虱、棉蝗、金刚钻类等多种虫害的发生危害期,如防治不利,常造成死株或引起蕾、花大量脱落,影响成铃与棉花品质。

(二)主要害虫发生规律、危害特点及防治

1. 棉铃虫 棉铃虫(Helicoverpa armigera Hübner)属鳞翅目夜蛾科,俗名钻桃虫、钻心虫,是世界性害虫,分布于北纬50°至南纬50°的欧、亚、非、澳洲各地,在海拔1 821.5米高处尚有其踪迹。国内各棉区均有分布和危害,黄河流域棉区危害严重,是常发区;长江流域棉区则为间歇性受害。

棉铃虫的食性杂、寄主多,我国已知有20多科200余种,但主要为棉花、小麦、玉米、番茄、豌豆、高粱、麻、苜蓿、大豆和花生等。

(1)形态特征 成虫体长15~17毫米。翅展30~38毫米。前翅青灰色、灰褐色或赤褐色,线、纹均黑褐色,不甚清晰;肾纹前方有黑褐纹;后翅灰白色,端区有1黑褐色宽带,其外缘有二相连的白斑。幼虫体色变化较多,有绿、黄、淡红等,体表有褐色和灰色的尖刺;腹面有黑色或黑褐色小刺;蛹自绿变褐。卵呈半球形,顶部稍隆起,纵棱间或有分支。

卵近半球形,高0.51~0.55毫米,宽0.44~0.48毫米,顶部

稍隆起。初产卵黄白色或翠绿色,近孵化时变为红褐色或紫褐色。

图 3-1　棉铃虫卵(左)、蛹(中)、成虫(右)

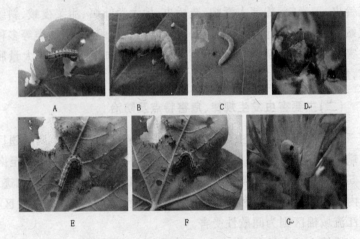

图 3-2　棉铃虫不同类型幼虫及棉蕾受害状

A:淡红色型　B:黄白色型　C:淡绿色型　D:绿色型

E:棕褐色型　F:黑色型　G:棉蕾受害状

幼虫体色变化较大,大致可分为 4 个类型如下表 3-1。

表 3-1　棉铃虫幼虫体态特征比较

幼虫类型(龄)	体色	背线、亚背线颜色	气门线颜色	毛片颜色
一	淡红色	淡褐色	白色	黑色
二	黄白色	浅绿色	白色	黄白色

续表 3-1

幼虫类型（龄）	体　色	背线、亚背线颜色	气门线颜色	毛片颜色
三	淡绿色	不明显	白色	淡绿色
四	绿色	绿色	淡黄色	不明显
五	棕褐色	褐色	白色	褐色
六	黑色	黑色	白色	黑色

棉铃虫幼虫 5～6 龄，多数为 6 龄。各龄幼虫主要特征如下：

一龄，体长 1.8～3.2 毫米，头宽 0.22～0.23 毫米。头纯黑，前胸背板红褐色，体表线纹不明显；臀板淡黑色，三角形。

二龄，体长 4.5～6 毫米，头宽 0.39～4 毫米。头黑褐色或褐色；前胸背板褐色，两侧缘各出现～淡色纵纹；体表背面和侧面出现淡色线条，臀板淡灰色，三角形。

三龄，体长 9～12.2 毫米，头宽 0.62～0.76 毫米。头淡褐色，具大片褐斑和相连斑点，前胸背板两侧绿黑色，中间较淡，有简单斑点，二纵纹明显；气门线乳白色；臀板淡黑褐色，斑纹退化变小。

四龄，体长 15.5～23.9 毫米，头宽 0.9～1.52 毫米。头淡褐带白色，有褐色纵斑，小片网纹出现；前胸背板出现白色梅花斑；体表出现黄白色条纹；臀板上斑纹退化成小纵条斑。

五龄，体长 22～24.5 毫米，头宽 1.52～1.7 毫米。头较小，往往有小褐斑；前胸背板白色，斑纹复杂，有时较简单；体侧 3 条线不清楚；臀板上斑纹消失。

六龄，体长 34.38～36.67 毫米，头宽 2.51～2.57 毫米。头淡黄色，白色网纹显著；前胸背板白色，斑纹复杂；体侧 3 条线清晰，扭曲复杂；臀板上斑纹消失。

长 17～20 毫米，纺锤形，第五至第七腹节前缘密布刻点。气门较大，围孔片呈筒状突出。尾端有臀棘两枚。初蛹灰绿色、绿褐色或褐色，复眼淡红色。近羽化时呈深褐色，有光泽，复眼褐红色。

（2）发生规律与特点　棉铃虫是全国各棉区最重要的害虫之一，棉铃虫性喜高温湿润的环境，最适气温为25℃～28℃，相对湿度在70%以上，最有利于繁殖。干旱不利于卵的孵化和幼虫的发育，但雨水多、雨量大亦不利于卵的孵化，特别是暴雨对卵和初孵幼虫有直接冲刷作用。一般6～8月温度均适宜于棉铃虫的发生，这时雨量即为影响关键。温度25℃～28℃，相对湿度70%～90%，最适合棉铃虫发生。每年4～5代，多数年份发生4代，第5代发生不完整；棉铃虫的第一代在棉田以外的寄生植物上发生危害，第2、3、4代在棉田危害，一般北方棉区出现的第三代危害严重，第四代在南方棉区特重，幼嫩棉田发生重。各棉区棉铃虫危害棉花比较严重的代别因年因地而异。一般情况辽宁和新疆以第二代危害重，黄河流域棉区以第三、第四代较重，华南棉区第三至第五代较重。各地一代棉铃虫基本不在棉花上危害。以第二代开始进入棉田，少量虫源转入春玉米等植物上危害，三、四代玉米、高粱等寄主上逐渐增多。一般最后一代棉铃虫多以棉田外寄主为主，后期贪青晚熟的棉株上也仍会一定数量棉铃虫危害。

（3）危害特点　棉花蕾期，正值二代棉铃虫发生期。生长点被害，幼虫将顶心周围小叶芽危害成缺刻形，有细虫粪，叶展开后呈畸形；生长点常被破坏，使棉茎顶部停止生长，从顶部以下几个叶腋处长出粗壮的徒长枝，上面基本不长花蕾，使整株棉花变成只长叶、杆不结果的光杆棉，俗称"公棉花"。顶部嫩叶被害被吃成许多小穿孔。蕾被害，幼虫藏在苞叶内蛀食幼蕾，蛀孔处有虫粪；被害蕾苞叶张开，很快脱落。花被害，花的雄蕊、花柱被吃掉；子房基部蛀入危害，被害花往往不结铃。

棉田第一代棉铃虫在6月10日前后开始落卵，6月15日前后进入落卵高峰，落卵量以后逐渐下降。根据棉铃虫的防治原则："即治虫不见虫，施药在卵高峰，以及治早、治小"的原则，所以非抗虫棉花在6月15日前后也正是防治棉铃虫第一次用药的有利时机。由于初孵化的幼虫耐药性差，所以防效较好。根据棉铃虫有趋嫩性产卵的习惯，大部分幼虫都在顶心及嫩叶上危害，因此棉田一代棉铃虫的防治重点是保护顶心不受危害。

（4）防治方法 棉花蕾期正值二代棉铃虫发生危害期。由于现在大多种植的为抗虫棉，对二代棉铃虫抗性较好，一般无需化学防治。

①种植转基因抗虫棉 研究表明一、二龄棉铃虫幼虫在吞食抗虫棉棉叶针头般大小后 12～24 小时内就会中毒死亡；三、四龄幼虫吞食转基因抗虫棉后，2～3 天内即中毒死亡；五、六龄棉铃虫吞食转基因抗虫棉后，导致活动停止、腹泻，多数幼虫也会死亡，即使少数幼虫能够化蛹，也会形成畸形蛹和坏死蛹，最终难以完成世代发育。大面积示范试验结果表明，种植转基因抗虫棉每亩可减少棉铃虫防治投资 40～80 元，二代棉铃虫发生期基本不用化学防治，第三代及第四代棉铃虫发生期每代结合化学农药防治 1～3 次即可有效地控制棉铃虫的危害，棉株顶尖被害率可降至 5％以下，蕾铃被害率降至 10％以下，虫害发生较轻的年份和地区可基本不用施药。

②农业防治 5 月间清除杂草可消灭部分第一代卵和幼虫，减少一代成虫数量；棉铃虫产卵盛期，结合打顶尖，摘边心消灭嫩头、小叶上的棉铃虫卵；此外，利用杨树枝把、黑光灯等成片诱集棉铃虫成虫，可明显降低田间落卵量。

③生物防治

生物农药治虫：在卵高峰期至幼虫孵化盛期，可喷 1 次有效浓度 1 毫升一亿个孢子的 Bt 乳剂，药效可达 80％以上。

病毒制剂治虫：卵高峰期喷施核多角体病毒（NPV），每 667 平方米用药液 10～20 升，每代喷 1～2 次，效果较好。此外还可通过田间释放赤眼蜂等棉铃虫天敌控制危害。

④化学防治 常规棉田百株棉铃虫幼虫达到 15～20 头时，可

用阿维菌素 1 000 倍液、或灭多威或高氯辛等 1 000 倍液喷雾防治,也可用有机磷类如辛硫磷和菊酯类(如敌杀死、速灭杀丁等)混配,喷雾防治。棉田 1 代棉铃虫(二代棉铃虫)卵多产在顶部嫩叶上,防治时应注重棉株顶部喷匀和周到。

⑤天敌保护与利用 棉铃虫的天敌种类很多,对卵和幼虫都有抑制作用。寄生卵的天敌种类有拟澳洲赤眼蜂、玉米螟赤眼蜂,寄生幼虫的有棉铃虫齿唇姬蜂、侧沟绿茧蜂、螟蛉绒茧蜂和四点温寄蝇等,幼虫寄生率有的高达 70% 左右。此外,棉铃虫幼虫还被一种线虫寄生,寄生率有的高达 35%。捕食性天敌有中华草蛉、大草蛉、叶色草蛉、丽草蛉、异色瓢虫、龟纹瓢虫、七星瓢虫、黑襟毛瓢虫、草间小黑蛛、日本肖蛸、小花蝽和华姬猎蝽等,还有普通长脚马蜂、隐纹长脚马蜂、纹胡蜂、斑刀螳螂、大型螳螂、蝼蛄、麻雀、泽蛙等均能捕食棉铃虫幼虫。据试验,草蛉类幼虫日平均捕食棉铃虫卵 39.6~49.8 粒,捕食幼虫 48.7~65.3 头;瓢虫类日平均捕食棉铃虫卵 41~72.3 粒,捕食幼虫 62.2~71.3 头;草间小黑蛛日捕食幼虫 38 头;三突花蛛日捕食幼虫 90.5 头;日本肖蛸日均捕食幼虫 82.7 头;小花蝽每个成虫或若虫日捕食棉铃虫卵 2~10 粒;华姬猎蝽可捕食棉铃虫卵 8~128 粒,一龄幼虫 9~64 头,二至三龄幼虫 3~6 头。

表 3-2 棉铃虫主要天敌及控害能力

	种　类	控害能力
寄生性天敌	卵寄生:拟澳洲赤眼蜂、玉米螟赤眼蜂	
	幼虫寄生:齿唇姬蜂、侧沟绿茧蜂、螟蛉绒茧蜂和四点温寄蝇等;线虫寄生。	寄生率高达 70% 左右;线虫的寄生率高达 35%

续表 3-2

	种　　类	控害能力
捕食性天敌	草蛉类：中华草蛉、大草蛉、叶色草蛉、丽草蛉。	幼虫日平均捕食棉铃虫卵 39.6～49.8 粒,捕食幼虫 48.7～65.3 头
	瓢虫类：异色瓢虫、龟纹瓢虫、七星瓢虫、黑襟毛瓢虫。	日平均捕食棉铃虫卵 41～72.3 粒,捕食幼虫 62.2～71.3 头
	蜘蛛类：草间小黑蛛、三突花蛛、日本肖蛸	草间小黑蛛日捕食幼虫 38 头；三突花蛛日捕食幼虫 90.5 头；日本肖蛸日均捕食幼虫 82.7 头
	蝽　类：小花蝽、华姬猎蝽等	小花蝽日捕食棉铃虫卵 2～10 粒；华姬猎蝽日捕食棉铃虫卵 8～128 粒,第一龄幼虫 9～64 头,第二至第三龄幼虫 3～6 头。
	其　他：普通长脚马蜂、隐纹长脚马蜂、纹胡蜂、斑刀螳螂、大型螳螂、蠼螋、麻雀、泽蛙等	

2. 棉盲蝽

（1）发生特点与危害　棉花生长旺盛、蕾花较多的棉田,发生较重。随着近年来抗虫棉的普及,棉田用药次数的减少,棉盲蝽象发生日益严重。棉花蕾期正值二代盲蝽象发生危害期,棉盲蝽白天躲在杂草上或土缝中,傍晚迁到棉花上取食危害,有不易被发现的特点,6 月份陆续迁入棉田危害,6 月底至 7 月份危害盛。

盲蝽在棉花生长的蕾期,主要危害幼蕾,受害幼蕾轻则呈现黑色刺点,重则变黑枯死脱落,受害刺点较少的形成畸形铃,受害部位棉籽受损,纤维发育不良。若 15 天以上的大蕾受害,一般不脱落,但在花蕾的花冠部位出现黄色水斑。开花后柱头两旁的花药萎缩发黑成为黑心花,花药内花粉囊干瘪,花粉粒发育不全,严重

图 3-3　棉蕾受害状

进因花粉死亡不能受精。

（2）防治方法

①防治策略

切断早春虫源：解决盲蝽象危害问题的根本措施，就是切断其生活周期的连续性。要着重考虑其侵入作物田之前的防治，即通过毁灭越冬场所、清除早春杂草寄主等来加强其虫源基数的控制。

控制寄主转移：由于世代发生或种群增长的需求，盲蝽象常在不同寄主植物之间进行转移、危害。控制其转移即能有效地限制其危害范围、减低其危害程度。

提倡统防统治：盲蝽象成虫具有较强的飞行、扩散能力，加之盲蝽象的寄主植物范围广泛。应提倡"多作物、大范围"的统防统治。

②防治技术措施

农业防治：蕾期棉花生长旺盛，棉田合理施肥，及时整枝打杈。及时清除田间、地头的杂草。

种植诱集植物：5月下旬、7月上旬在棉田四周前后两次播种绿豆诱集带。定期调查诱集带及棉田绿盲蝽数量，诱集带上虫量大时即对其进行化学防治；降雨等原因导致棉田发生数量普遍上升时,需对棉田及时施药。诱集防治棉田化学农药使用量较常规种植田减少60%以上,绿盲蝽基本得到有效控制。

化学防治:防治关键在"早",田间发现棉株嫩叶或苞叶上出现小黑点时开始喷药防治。用4.5%高效氯氰菊酯乳油、马拉硫磷、辛硫磷等1 000倍液喷雾防治,5～7天1次,连续防治3～4次。最好是统防统治,从棉田外围向中心喷药,不给害虫留下躲避的场所。一般在上午9:00前或下午5:00后喷药效果好。

3. 棉叶螨

(1)发生特点与危害　棉叶螨成虫、若虫主要集中在棉花的叶子背面沿叶脉处取食危害,以口针刺吸叶背、嫩尖、嫩茎和果实,吸取汁液,使棉株组织造成机械伤害作用,同时也分泌有害物质进入棉株体内,对棉株组织产生毒害作用。受害的棉叶光合作用和蒸腾强度下降,棉株营养恶化,代谢强度和抗病力降低。受害棉叶正面先出现小黄白斑,近叶柄部分出现红斑,继而红斑扩展至全叶,叶柄低垂,严重时叶卷缩呈褐色如火烧,干枯脱落,如在结铃初期被害,嫩铃全部脱落甚至全株枯死,严重影响产量。

(2)防治方法　棉花受害红叶率达到5%～14%时,用20%哒螨灵或1.8%阿维菌素1 500倍液喷雾防治。也可用石硫合剂喷雾防治,控制期达5天左右,由于不能杀卵,1周后应进行第二次喷药杀死孵出的幼螨。

棉叶螨天敌有30多种,应注意保护,发挥天敌自然控制作用。

4. 棉红铃虫　棉红铃虫属鳞翅目,是世界性的害虫,属国际植物检疫对象。全世界79个产棉国中,除俄罗斯、罗马尼亚、匈牙利等8国外,其他71个产棉国家都有分布。棉红铃虫除以棉花为主要寄主外,亦在秋葵、红麻、洋绿豆、木槿、蜀葵、锦葵、山麻、青麻等植物上发现危害。据文献记载,它的寄主共有8科77种。在长江流域属于常发性害虫。受此虫危害常年损失10%左右,严重年份在20%以上。

（1）形态特征

①成虫：体长 6.5 毫米，翅展 12 毫米。棕黑色。头顶鳞片光滑。下唇须长而弯曲如镰刀状，超过头顶。触角棕色，基节有栉毛 5～6 根。前翅尖叶形，暗褐色，沿前缘有不明显的暗色斑，翅面夹有不均匀的暗色鳞片，并由此组成 4 条不规

图 3-4　棉红铃虫成虫（马奇祥　摄）

则的黑褐色横带，外缘有黄色缘毛。后翅菜刀形，银白色，缘毛较长。雄成虫有翅缰 1 根，雌成虫 3 根。

②卵：长 0.4～0.6 毫米，宽 0.2～0.3 毫米，长椭圆形。表明呈花生壳状。初产时乳白色，孵化前变为粉红色。

③幼虫：老熟幼虫体长 11～13 毫米。体白色，体背各节有 4 个浅黑色毛片，毛片周围红色，粗看好像全体红色。头部红褐色，上颚黑色，具 4 个短齿。前胸及腹部末节硬皮板黑色。腹足趾钩为单序缺环。

④蛹：体长 6～9 毫米，宽 2～3 毫米。淡红褐色，有金属光泽。尾端尖，末端有短而向上弯曲的钩状臀棘，周围有钩状细刺 8 根。蛹茧灰白色，椭圆形，柔软。

（2）发生规律与特点　黄河流域 1 年发生 2～3 代，各代羽化盛期为 6 月下旬、8 月上旬和 9 月中旬，成虫棕黑色；幼虫桃红色，头部棕褐色，以幼虫危害棉花的蕾、花、铃和棉籽；第一代危害蕾，引起蕾脱落；第二代主要危害青铃，第三代大多蛀食棉籽，由于幼虫危害青铃和棉籽，使棉籽、纤维发育、产量降低，同时由于虫孔，易引起病菌侵入，造成僵瓣甚至烂铃，品质下降，损失严重，黄河流域棉区以第二代为主（即 8 月上旬）。

越冬幼虫当气温上升到 18℃ 以上时，开始化蛹，24℃～25℃

开始羽化,羽化后当天即可交配,雌蛾一般交配 1～2 次,最多达 6 次,雄蛾交配一般 3～4 次,最多 9 次。交配后第二天开始产卵,卵是陆续形成的,故产卵期长,可延续 15 天之久,大部分卵在羽化后 3～8 天内产下,一头雌蛾一般产几十粒到百余粒,最多可产 500 余粒。越冬代成虫产卵盛期常于棉花现蕾期相吻合,凡是棉株现蕾早的,见卵亦早,迟现蕾的见卵亦迟。第一代卵绝大多数产在棉株嫩头及上部果枝的嫩叶、嫩芽、嫩茎及蕾上。第二代产卵大多在棉株下部最早出现的青铃上,果枝叶片上次之,嫩茎和蕾上也有少数卵粒。第三代成虫产卵期间,棉株下部青铃老熟并开始陆续吐絮,有 90% 以上的卵粒集中产在中、上部青铃上,其中在青铃萼片内的又占 80% 左右,嫩叶、幼蕾上极少,这些卵天敌不易捕食或寄生,药剂亦难接触到,是影响防治效果的主要原因。

翌年 5 月份平均温度达 20℃ 以上时越冬幼虫开始化蛹,成虫出现的时间与各地棉花的现蕾期相吻合。越冬代成虫羽化期持续时间较长,最短 40 天,最长达 2 个多月,这是造成田间世代重叠的主要原因。成虫羽化后飞到棉田产卵,各代成虫发生盛期因地而异,如在江西九江地区 1、2 代成虫分别于 7 月中下旬至 8 月中旬、8 月下旬至 10 月上旬发生。秋季幼虫随采摘的棉花带入仓库越冬。

成虫昼伏夜出,白天潜伏,夜间活动和交配产卵。飞行力不强,对黑光灯有趋性。成虫具多次交配习性,羽化后当晚即可交配,但以第 3 天最多。交配后第二天开始产卵,80%～86% 卵在羽化后 3～8 天内产下。单雌产卵量 10～100 粒,最多可达 500 多粒。卵散产,第一代卵集中产于棉株顶芽及上部果枝嫩芽、嫩叶和幼蕾苞叶上,占总卵量 62.5%,少数产于嫩茎、叶柄及老叶上;第 2 代多产在下部的青铃萼片内;第三代多产在中上部的青铃萼片内。

幼虫孵化后 2 小时内蛀入蕾铃取食危害,很少转移取食。蛀食棉蕾时,在蕾冠上留下针孔大小的蛀孔,幼虫在蕾内取食花药、花粉,一般每蕾只能存活1头幼虫。蛀食棉铃时,幼虫从棉铃基部蛀入,先在铃壳内壁潜行一段,形成虫道,然后蛀食棉絮、棉籽;棉铃较小时,每头幼虫可危害2～3个铃室、2～7粒棉籽;棉铃较大时,每头幼虫只能侵害1室,1～3粒棉籽。

非越冬幼虫老熟后在花蕾、棉铃等危害处化蛹,幼虫化蛹前吐丝结茧。

成虫寿命11～14天;卵历期3～10天;幼虫期第1代平均14天,第2代为20～25天,越冬滞育幼虫则需180～270天;蛹历期8～12天;全世代历期一般为32～33天。

棉红铃虫的发生与环境有密切的关系。

高温、高湿的环境条件适于棉红铃虫发生,适宜温度为20℃～35℃,相对湿度为60%以上。温度25℃～32℃,相对湿度80%以上更有利于成虫繁殖。棉红铃虫对低温比较敏感,在冬季最低温度－16℃,1月份平均气温在－5℃的地区不能越冬;越冬滞育幼虫的冰点为－8.7℃,低于此温度幼虫很快死亡。各代发生早晚和危害轻重与气温密切相关,凡春季气温回升早的年份,棉红铃虫发生期提前。在自然条件下,5～6月份降雨量过多,温度下降,棉株小,且卵易被雨水冲刷,发生较轻;7～8月份多雨,田间湿度增加,有利于危害;8～9月份多雨,常造成严重危害损失。光照、温度和食料与幼虫滞育密切相关,光周期短于13小时,气温低于20℃、棉籽脂肪含量高时幼虫开始滞育。

棉红铃虫的发生与棉花长势和食料有密切的关系。红铃虫各代虫口密度的消长与棉花生育期的迟早有密切关系。早播的棉花早现蕾,早见卵,危害重;迟播的棉花迟现蕾,迟见卵,危害轻。因此,越冬代的成虫能否顺利繁殖,与发蛾期的蕾、铃食料供应关系极大。发蛾期若与现蕾期相吻合,不仅早期棉株危害重,而且因结铃早,食料充足,后期受害也加重。红铃虫因取食蕾与铃的不同,其幼虫成活率亦有差异。在自然条件下,取食蕾的幼虫成活率为

10％～20％，取食青铃的成活率 70％～80％。而且取食不同铃期青铃的其成活率也不同，如取食 10～15 天的青铃，幼虫成活率为 69％；取食 26～30 天的青铃，成活率为 23.9％。幼虫发育迅速，取食蕾的幼虫期平均 11.4 天，取食青铃的平均 16～17 天。幼虫期取食棉铃的雌蛾要比取食花蕾的产卵量高数倍以上。青铃出现是红铃虫大量繁殖的物质基础。

长江流域棉区推广棉花营养钵育苗移栽，棉花现蕾结铃提早，延长了第一代棉红铃虫的有效发蛾期，使第一、第二代虫口显著增加，由于第三代虫源多，故迟发、秋桃多的棉花受害加重。

(3)**危害特点**　红铃虫危害棉花，除第一代危害蕾、花直接造成脱落外。危害棉花的蕾、花、铃和种子，引起蕾铃脱落，导致僵瓣、黄花等。危害蕾时，幼虫危害花蕾时，花蕾外只现一黑色小点，常引起落蕾，青铃受害，造成落铃、烂铃或僵瓣花，严重影响纤维品质和产量。

(4)**防治方法**

①**农业防治**　种植抗棉红铃虫的品种；麦收后种短季棉减轻一、二代危害；以改进栽培措施促进早熟，减轻后期危害，及时集中处理僵瓣，枯铃，晒花时放鸡啄食或人工扫除帘架下的幼虫等。推广收花不进家和冷库存花，在收花结束后彻底清扫仓库，消灭潜伏仓内的幼虫。

②**化学防治**

棉仓灭虫：空仓全面喷洒 20％林丹可湿性粉剂和 2.5％溴氰菊酯乳油的稀释液，墙壁、房顶里面都要喷到；

喷洒杀虫剂：主要是在棉红铃虫卵盛期喷洒杀虫剂。杀虫剂的种类及用量如下：2.5％敌杀死，每 667 平方米 30～40 毫升；20％速灭杀丁，每 667 平方米 150～250 毫升；50％辛硫磷，每 667 平方米 35～50 毫升；或用 80％敌敌畏乳油，每 667 平方米 50～75 毫升，对水 1.5～2.5 升，喷在 15～25 千克细土上拌匀，傍晚撒于

田间,可熏杀成虫

③天敌保护与利用 我国记载的棉红铃虫天敌有 60 多种,如拟澳洲赤眼蜂、金小蜂、红铃虫甲腹茧蜂、黑青小蜂、黄腹茧蜂、食卵赤螨、草蛉、小花蝽、隐翅虫等。以上这些天敌对红铃虫的种群都有一定的不同程度的抑制作用。特别是红铃虫金小蜂在棉仓内防治越冬红铃虫能起到良好的控制作用。

5. 玉米螟 玉米螟[Ostrinia furnacalis(Guenee)]属鳞翅目、螟蛾科。是危害玉米的主要害虫之一,全国各棉区均有发生。但近十多年来,随着麦棉间套作面积扩大,春玉米面积减少,玉米螟在一些棉区危害棉花也日益严重。近年玉米螟已上升为棉花的主要害虫,山东、河北、河南等北方棉区,一代玉米螟危害棉花严重,尤其是麦棉间作棉田危害更重,严重地块棉花被害株率高达80%以上,若防治不及时,常造成棉花减产。全国均有分布。

(1)形态特征

①成虫黄褐色 雄蛾体长 10～13 毫米,翅展 20～30 毫米,体背黄褐色,腹末较瘦尖,触角丝状,灰褐色,前翅黄褐色,有两条褐色波状横纹,两纹之间有两条黄褐色短纹,后翅灰褐色;雌蛾形态与雄蛾相似,色较浅,前翅鲜黄,线纹浅褐色,后翅淡黄褐色,腹部较肥胖。

②卵 扁平椭圆形,数粒至数十粒组成卵块,呈鱼鳞状排列,初为乳白色,渐变为黄白色,孵化前卵的一部分为黑褐色(为幼虫头部,称黑头期)。

③老熟幼虫 体长 25 毫米左右,圆筒形,头黑褐色,背部颜色有浅褐、深褐、灰黄等多种,中、后胸背面各有毛瘤 4 个,腹部 1～8节背面有两排毛瘤 前后各两个。

④蛹 长 15～18 毫米,黄褐色,长纺锤形,尾端有刺毛 5～8 根。

(2)发生规律与特点 黄河流域棉区越冬代成虫多在 5 月上旬出现,蛾盛期在 5 月中下旬。卵多产在小麦、春玉米和棉株上,

图 3-5 玉米螟成虫、卵块和被害状(马奇祥 摄)

孵化后的幼虫取食小麦、玉米和棉花。各地区发生的代数有差异。一般从北到南,从西到东,代数逐渐增加,北纬 45°以北的黑龙江和吉林长白山区年仅发生 1 代;北纬 40°～45°间,包括吉林、辽宁、宁夏、内蒙古哲里木盟以南、山西北部、陕西北部、河北北部,以及云南、贵州山区每年发生 2 代;北纬 32°～40°之间,大致在长城以南、长江以北,包括河南、山东、河北的中南部、山西的中南部、陕西大部、四川大部、湖北中北部、安徽北部、江苏北部,每年基本发生 3 代;北纬 25°～32°之间,包括江西、浙江、湖南、湖北东部丘陵、安徽南部、江苏南部、四川的重庆、南充、雅安,1 年发生 4 代;北纬 25°以南每年发生 4 代以上,越往南代数越增加。从主要棉区发生代数看,黄河流域棉区年发生 3 代,长江流域棉区年发生 3～4 代。

玉米螟在棉田发生量与气候条件、寄主植物和越冬代虫源基数关系密切。天气干燥、温度太低或太高、雨水过多等都对玉米螟的发生有抑制作用,而温度在 25℃～30℃范围内,旬平均相对湿度在 60%以上时,有利于玉米螟的大发生。玉米螟对不同寄主植物的趋性有较明显差别,心叶期玉米对成虫产卵有较大的吸引力。因此,在玉米、棉花并存时,玉米心叶期的着卵量明显高于棉花。棉田不同种植方式对玉米螟发生也有明显影响,小麦与棉花间作棉田第一代玉米螟幼虫发生量比平作棉田显著增高。

(3)危害特点 幼虫孵出后,先聚集在一起,然后在植株幼嫩部分爬行,开始危害。初孵幼虫,能吐丝下垂,借风力飘迁邻株,形成转株危害。幼虫多为 5 龄,三龄前主要集中在幼嫩心叶、雄穗、苞叶和花丝上活动取食,被害心叶展开后,即呈现许多横排小孔;四龄以后,大部分钻入茎秆。玉米螟的危害,主要是因为叶片被幼虫咬食后,会降低其光合效率。

(4)防治方法

①农事操作　麦棉间作田,在麦收时,将割下的小麦随时运出棉田外,以防止玉米螟幼虫转移到棉花上危害;结合棉田整枝,剪除被害枝顶和叶柄,防止转株危害;在成虫产卵期内,人工捏卵。

②种植玉米诱集带　棉田四周播种少量玉米,诱集成虫产卵,使玉米螟集中产卵于玉米植株上,减轻棉田危害,可集中杀灭玉米上的玉米螟。

③棉田外的玉米田防治

人工捏卵:在成虫产卵盛期内,逐株查卵、捏卵,每 3 天 1 次,连续 4～5 次。

心叶期药剂防治:一是点施颗粒剂。使用 0.1% 或 0.15% 功夫颗粒剂拌 10～15 倍的煤渣颗粒,每株用量 1.5 克,防效优异,也可使用杀螟灵 1 号颗粒剂,每 667 平方米用量 250 克加 4～5 千克细河沙,搅拌均匀,每株玉米 1 克。也可用有效成分 0.2% 辛硫磷及 25% 西维因 15 倍和 30 倍颗粒剂,把颗粒剂点施在喇叭口中,效果良好。二是点施毒土。用带潮细土与辛硫磷、西维因等药剂配制毒土,效果也不错,但残效期较颗粒剂短。三是点施菌土。用表虫菌粉 500 克,加细土 100 千克,配制菌土,点施心叶,每 667 平方米用菌土 2.5～3.5 千克,防治效果可达 90% 以上。

穗期药剂防治:用 50% 敌敌畏乳剂加水稀释 2 000～4 000 倍,将稀释好的药液装入瓶或小壶内,在雌穗苞顶开一小口,灌入少量药液,一般 500 毫升液可灌雌穗 180 个。

④药剂防治　卵块盛孵高峰期为棉田用药适期,把幼虫消灭在蛀害棉株之前。一般在卵高峰期用 20% 杀灭菊酯、5% 氯氰菊

酯 1 500～2 000 倍喷雾防治;当卵粒出现黑点和已孵化卵块 50% 以上时,可用 40%辛硫磷,或 40%丙溴磷等 1 000～1 500 倍喷雾防治。

⑤天敌保护与利用　玉米螟卵寄生蜂主要有赤眼蜂、松毛虫赤眼蜂、广赤眼蜂、螟黄赤眼蜂;幼虫寄生蜂有螟虫长距茧蜂、长腹赤茧蜂、广大腿蜂、螟蛉绒茧蜂;幼虫寄生蝇有稻苞虫、赛寄蝇玉米螟厉寄蝇;蛹寄生蜂有夹色寄蜂。北京大部分棉田玉米螟赤眼蜂卵寄生率一代、二代、三代分别可达到 99%、97.6%和 99%。幼虫寄生性天敌种类也较多,对玉米螟虫口数量的消长有一定的抑制作用。

6. 棉茎木蠹蛾　棉茎木蠹蛾(Zeuzera coffeae Nietner)的寄主植物除棉花外,还有茶、桑、黄麻、蓖麻、咖啡、荔枝、龙眼、柑橘、梨、柿、枇杷、桃、葡萄、枣等。该虫分布于我国东部和南部,在上海和台湾主要危害棉花及树木。木蠹蛾以其幼虫钻蛀粗枝或主茎,破坏水分供应,造成减产。

(1)形态特征

①成虫　体长 11～26 毫米,翅展 30～50 毫米,雄较雌小,体灰白色。雌触角丝状,雄基半部羽状,端部丝状,均为黑色,覆有白鳞。胸背有青蓝色斑 6 个呈 2 纵列,腹背各节具横列青蓝色纵纹 3 条,两侧各具青蓝斑 1 个,腹面有同色斑 3 个。前、后翅脉间密布青蓝色短斜斑纹,外缘脉端为斑点。后翅斑点较淡,雌后翅中部具较大青蓝圆斑 1 个。

②卵　椭圆形,长 1 毫米,米黄至棕褐色。

③幼虫　体长 20～35 毫米,红色,头黄褐色或浅赤褐色,前胸盾黄褐至黑色,近后缘中央有 4 行向后呈梳状的齿列,腹足趾钩双序环,臀板黑褐色,蛹长 16～27 毫米,褐色有光泽,第 2～7 腹节背面各具 2 条横隆起,腹末具刺 6 对。

(2)发生规律与特点　上海、长江流域 1 年生 1 代,江西、台湾等地1年生2代，均以幼虫在棉花、木槿、桃树等多种树木茎干中越冬。上海6月上中旬化蛹，6月中下旬羽化，把卵产在棉叶上，初孵幼虫钻蛀棉花叶柄或细枝危害，幼虫稍大后，转蛀粗枝或主茎，破坏棉花水分供应；茶树、桑及果树受害幼虫沿髓部向上蛀食。1年发生2代区，江西4月中旬至6月下旬化蛹，蛹期13～37天，5月中旬至7月中旬羽化。成虫昼伏夜出，有趋光性，羽化后不久即交配、产卵，卵成块产于皮缝和孔洞中，产卵期1～4天，单雌卵量224～1132粒，成虫寿命平均43天，卵期9～15天。初孵幼虫群集卵块上取食卵壳，2～3天后爬到枝干上方吐丝下垂随风扩散，幼虫从枝梢上方芽腋处蛀入，其上方枯萎，经5～7天后又转害较粗的枝，蛀入时先在皮下横向环蛀1周，故上部多枯死，然后于木质部内向上蛀食，老熟后向外蛀1羽化孔然后在隧道中筑蛹室化蛹，羽化时头胸部伸出羽化孔羽化，蛹壳残留孔口处。第一代成虫8～9月份发生，第二代幼虫秋后于被害枝隧道内越冬。

（3）**危害特点**　幼虫蛀食棉花黄麻的茎，破坏茎部水分和养分供应，使植株上部或全部枯死；危害桑、茶及果树，幼虫蛀食枝干木质部，隔一定距离向外咬1排粪孔，多沿髓部向上蛀食，造成折枝或枯萎。

（4）**防治方法**　棉田结合防治其他害虫及早把棉秸集中处理或烧毁，减少茎内越冬幼虫。在受害的木槿、果树及其他寄主树木周围发现有木屑状虫粪时，及时剪除有虫枝烧毁，防止羽化后进入棉田产卵。棉株受害时剥开棉茎杀死幼虫。茶树、桑及果树受害时及时剪除受害枝，集中烧毁或深埋，经1～2年可将其控制。成虫盛发期结合防治其他害虫喷30%乙酰甲胺磷乳油2 000倍液或10%溴马乳油1 000倍液，或20%菊马乳油1 500倍液，或20%氯马乳油2 000倍液，或2.5%功夫乳油3 000倍液，或21%灭杀毙乳油3 000～4 000倍液，或30%桃小灵乳油2 500倍液，或2.5%天王星乳油1 500。

7. 造桥虫 造桥虫分小造桥虫(*Anomis flava* Fabricius)(又叫棉小造桥虫、小造桥夜蛾、棉夜蛾等)和大造桥虫(*Ascotis selenaria Schiffermuller* et Denis)(别名尺蠖、步曲)。棉大造桥虫除西北内陆棉区的新疆外,其他棉区均有分布。黄河、长江流域棉区危害较重。棉大造桥虫主要发生在长江流域和黄河流域棉区,是一种间歇性、局部危害的杂食性害虫。

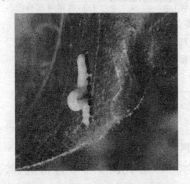 

图 3-6 棉小造桥虫(马奇祥摄) **图 3-7 棉大造桥虫**

(1)形态特征(表 3-4)

表 3-4 两种造桥虫的形态比较

种 类	卵	幼 虫	蛹	成 虫
小造桥虫	扁椭圆形,青绿到褐绿色	老熟幼虫体长35毫米,头淡黄色,体黄绿色,背线、亚背线、气门上线灰褐色,中间有不连续的白斑,胸足3对,腹足3对,着生在4～6腹节上,爬行时虫体中部拱起,似尺蠖	红褐色	体长为10～13毫米,头胸部橘黄色,腹部背面灰黄至黄褐色;前翅外端暗褐色,有4条波纹状横纹,内半部淡黄色,有红褐色小点

续表 3-4

种　类	卵	幼　虫	蛹	成　虫
大造桥虫	长椭圆形青绿色	初孵幼虫灰黑色,2龄以后转黄绿或淡绿,4龄后体色随栖息环境而变化,淡绿、深绿或深褐色等。成长幼虫体长70毫米左右,体表粗糙,气门紫红色	圆锥形,体长19～27毫米,棕色褐色,头部有角状突起～对,腹末有刺～枚,突起两个	银灰色,体长20～25毫米,翅展50～70毫米,翅面多有黑色小点,前翅有黄褐色波纹3条,后翅两条。雌蛾腹部肥大,末端有～束黄色绒毛

(2)发生规律与特点

①小造桥虫　在黄河流域棉区每年发生3～4代,主要在8～9月份危害,长江流域棉区1年发生4～6代,在7～8月份危害。其第二代至第五代均危害棉花。成虫有较强的趋光性,对杨树枝把也有趋性。单雌产卵量为200～1 000粒,卵多分布在棉株中下部叶片的背面。初孵幼虫活跃,受惊滚动下落,一、二龄幼虫取食下部叶片,稍大转移至上部危害,四龄后进入暴食期。老龄幼虫在苞叶间吐丝卷包,在包内作薄茧化蛹。7～9月份雨水多,有利于小造桥虫发生。

②大造桥虫　在长江流域1年发生2～3代,华南一带1年发生3～4代,均以蛹在根际表土内越冬。湖南、江西等省于4月下旬成虫羽化产卵,5月上中旬第一代幼虫开始孵化,6月中下旬在老熟化蛹,7月中下旬至8月下旬成虫羽化产卵,7月下旬到9月上中旬第二代幼虫陆续孵化危害。广东1～3代幼虫分别于5月中旬7月中旬至8月中旬,9月下旬至11月中旬发生危害。成虫多在傍晚羽化,白天喜栖息于茶园附近大树及电线杆等建筑物上,

两翅平展不动,受惊即坠地假死或短距离迁飞。

(3)危害特点　以幼虫取食叶片、花、蕾、果和嫩枝,有时危害花蕊。初孵幼虫取食叶肉,留下表皮,像筛孔,大龄幼虫把叶片咬成许多缺刻或空洞,只留叶脉。

(4)防治方法

①耕翻灭蛹　迟熟棉花、秋大豆、花生田等是棉大造桥虫末代幼虫的主要寄主,也是蛹越冬的主要场所,应进行冬耕灭蛹,减少来年发生基数。在棉花生长期可结合中耕消灭造桥虫化蛹期幼虫。

②诱杀成虫　在造桥虫各代成虫发生期可在田间插杨树(或柳树、槐树)枝把(每把 8～10 根),每 667 平方米 10 把,分散在棉行间,放置高度比棉株稍高。每天清晨捕杀成虫。或用黑光灯或频振式杀虫灯诱杀成虫,以降低各代发生基数。

③化学防治　可结合防治棉铃虫和其他害虫防治造桥虫,三龄前为防治适期。防治指标为卵株率 20%～30%,或百株虫量 50头。选用敌杀死、敌百虫、毒死蜱等药剂 1 000～1 500 倍喷雾防治。

④天敌保护与利用　天敌主要有绒茧蜂、悬姬蜂、赤眼蜂、草蛉、胡蜂、小花蝽、瓢虫等。

8. 棉大卷叶螟　棉大卷叶螟(Sylepta derogata Fabricius)属鳞翅目,螟蛾科。别名棉卷叶螟、棉大卷叶虫、包叶虫、棉野螟蛾、棉卷叶野螟。分布除宁夏、青海、新疆未见报道外,其余省区均有。除危害棉花外,还危害苋菜、蜀葵、黄蜀葵、苘麻、芙蓉和木棉等。

(1)形态特征

①成虫　体长 8～14 毫米,全体黄白色。前后翅外缘线,亚外缘线、外横线、内横线均为褐色波浪状。右翅前翅中部接近前缘处有似"OR"形褐斑纹(左翅方向相反)。

②卵　椭圆形、略扁、长 0.12 毫米。初产时乳白色,后变淡绿

色。孵化前为灰色。

③幼虫　体长25毫米。头扁平,赤褐色,有不规则的暗褐色斑纹。腹部青绿色或淡绿色。除前胸及腹部末节外,每节两侧各有毛片5个,上生刚毛。

④蛹　体长13毫米,棕红色,臀棘末端有钩刺4对,中央1对最长,两侧各对依次逐渐短小。

图3-8　棉大卷叶螟危害状　　图3-9　棉大卷叶螟蛹

(2)发生规律与特点　在长江流域1年发生4～5代,黄河流域4代,华南5～6代,以老熟幼虫在落叶,树皮缝隙、枯铃及铃壳的苞叶里越冬。4月化蛹,在木槿等植物上完成第一代,第二代开始转入棉田,8月上旬至9月是危害盛期。成虫白天隐蔽在棉叶背面或杂草丛中,夜晚活动,有趋光性。卵多产于棉株上部叶片背面。初孵幼虫聚集在棉叶背面食害,仅吃叶肉,留下表皮,不卷叶。三龄后分散,吐丝卷叶,同一卷叶里可有几头幼虫取食,并可转叶危害。一般6龄,老熟后在老叶内化蛹。春夏干旱,秋季多雨年份发生量多;靠近村庄和苘麻地旁的棉地,生长茂密的地块,多雨年份发生多。成虫有趋光性。

(3)危害特点　卵多产于棉株上部叶片背面。幼虫卷叶成圆筒状,藏身其中食叶成缺刻或孔洞。严重的吃光全部棉叶,继续危害棉铃内苞叶或嫩蕾,影响棉株生长发育。

(4)防治方法

① 农业防治 早春消灭越冬场所幼虫,清除和烧毁枯枝落叶,刮老树皮等;5～6 月份可在苘麻、木槿、蜀葵上施药防治第一代幼虫,以减少棉田虫源;也可结合田间农事操作及时摘除卷叶虫苞,或拍杀幼虫。幼虫卷叶结包时捏包灭虫。

②药剂拌种 用吡虫啉有效成分 300～600 克拌棉种 100 千克,播后 2 个月内对棉卷叶螟防效优异,而且兼治棉蚜。

③化学防治 产卵盛期至卵孵化盛期喷洒 25％爱卡士乳油(喹硫磷)或 50％辛琉磷乳油、亚胺硫磷、磷胺、甲奈威等常用浓度均有效。

④天敌保护与利用 棉大卷叶螟的主要寄生性天敌有:卷叶螟绒茧蜂、叶卷蚁形蜂、卷叶螟姬小蜂、菲岛扁股小蜂、广黑点瘤姬蜂、广大腿小蜂、玉米螟厉寄蝇。其中,卷叶螟绒茧蜂和卷叶螟姬小蜂为幼虫期优势寄生蜂种,广大腿小蜂为幼虫至蛹跨期优势寄生性天敌。自然情况下,棉大卷叶螟的被寄生率高达 25.7％,寄生性天敌对棉大卷叶螟种群起着重要的控制作用。

9. 夜蛾类 危害棉花的主要是斜纹夜蛾(*Prodenia litura* Fabricius)和甜菜夜蛾(*Spodoptera exigua* Hübner)。世界性分布,属东洋区、古北区、澳洲区、非洲区和新北区共有种。各省(区),长江流域及其以南地区种群数量大;朝鲜、日本、菲律宾、印度、巴基斯坦、越南、老挝、泰国、马来西亚、新加坡、斯里兰卡、印度尼西亚、新几内亚、埃及、苏丹,欧洲、北美洲、澳洲。食性杂,寄主植物已知有 99 科 290 多种,其中主要的是棉花、烟草、花生、芝麻、薯类、豆类、瓜类、十字花科蔬菜等。

(1)形态特征(表 3-5)

表 3-5　两种夜蛾形态比较

种类	卵	幼虫	蛹	成虫
斜纹夜蛾	半球形,集结成 3～4 层卵块,外覆黄色绒毛	老熟幼体长 36～48 毫米,黄绿至墨绿或黑色,从中胸至第 9 腹节亚背线内侧,各有近似半月形或三角形黑斑～对。其中以第 1、7、8 腹节的黑斑最大	为被蛹,体长 18～23 毫米,赤褐色至暗褐色	成虫体长 14～20 毫米,翅展 33～42 毫米。全体暗褐色,前翅灰褐色,内横线和外横线灰白色,呈波浪形,有白色条纹,环状纹不明显,肾状纹前部呈白色,后部呈黑色,环状纹和肾状纹之间有 3 条白线组成明显的较宽的斜纹,自翅基部向外缘还有 1 条白纹。后翅白色
斜纹夜蛾	圆馒头形,白色,表面有放射状的隆起线	体长约 22 毫米。体色有绿色、暗绿色至黑褐色。腹部体侧气门下线为明显的黄白色纵带,有的带粉红色,带的末端直达腹部末端,不弯到臀足上去	体长 10 毫米左右,黄褐色	体长 10～14 毫米,翅展 25～34 毫米。体灰褐色。前翅中央近前缘外方有肾形斑 1 个,内方有圆形斑 1 个。后翅银白色

(2)发生规律与特点

①斜纹夜蛾　年发生代数 1 年 4～5 代,在山东和浙江经调查都是如此。以蛹在土下 3～5 厘米处越冬。成虫白天潜伏在叶背或土缝等阴暗处,夜间出来活动。每只雌蛾能产卵 3～5 块,每块

图 3-10 斜纹夜蛾卵块(马奇祥摄)

图 3-11 斜纹夜蛾幼虫

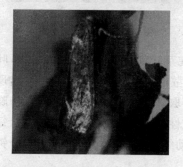

图 3-12 甜菜夜蛾成虫(马奇祥摄)

图 3-13 甜菜夜蛾卵块

约有卵位 100～200 个,卵多产在叶背的叶脉分叉处,经 5～6 天就能孵出幼虫,初孵时聚集叶背,4 龄以后和成虫一样,白天躲在叶下土表处或土缝里,傍晚后爬到植株上取食叶片。成虫有强烈的趋光性和趋化性,黑光灯的效果比普通灯的诱蛾效果明显,另外对糖、醋、酒味很敏感。卵的孵化适温是 24℃ 左右,幼虫在气温 25℃ 时,历经 14～20 天,化蛹的适合土壤湿度是土壤含水量在 20% 左右,蛹期为 11～18 天。

②甜菜夜蛾 初龄幼虫在叶背群集吐丝结网,食量小,三龄后,分散危害,食量大增,昼伏夜出,危害叶片成孔缺刻,严重时,可吃光叶肉,仅留叶脉,甚至剥食茎秆皮层。幼虫可成群迁飞,稍受

震扰吐丝落地,有假死性。三、四龄后,白天潜于植株下部或土缝,傍晚移出取食危害。1年发生 6～8 代,7～8 月份发生多,高温、干旱年份更多,常和斜纹夜蛾混发,对叶菜类威胁甚大。

(3)危害特点　初孵幼虫群集于卵块附近取食,遇惊扰或有风时即爬散开或吐丝下垂随风飘散。二龄开始分散取

图 3-14　甜菜夜蛾幼虫

食。在蔬菜上,一至三龄幼虫多在菜叶背面取食下表皮及叶肉,叶面出现透明斑。一般在三龄后分散取食,取食叶片,被食叶片出现孔洞。低龄幼虫白天和晚上均有取食活动,四龄后取食多在傍晚和夜间。五龄的取食活动呈间歇性,一昼夜内取食 34 次左右,每次历时 7 分钟左右,每次取食活动纯粹用于取食的时间约 6 分钟左右。

(4)防治方法

①化学防治　药剂防治适期为 7～9 月上旬,当斜纹夜蛾出现卵孵盛期或一、二龄幼虫未转株时,应选用 22%氯氟·毒死蜱乳油 1 000～1 500 倍液或 20%氟铃·毒死蜱乳油 1 000～1 200 倍液或 0.2%甲维盐阿维菌素乳油 1 000～1 500 倍液喷雾,每隔 7 天左右再喷 1 次,连续 2～3 次。重点喷在棉株中上部叶片及花蕾铃上。

②物理防治

黑光灯诱杀:利用黑光灯诱杀,杀虫效率高使用方便。可节省大量化学农药。

性诱芯诱杀:采用每 0.45～0.67 公顷设 9 个性诱点,防治效

果较好,可使卵块孵化率降低 44.5％～57.6％防治效果达到 50％～63.6％,不仅可直接杀死甜菜夜蛾,而且可避免杀伤天敌等有益生物,不污染环境。

利用线虫制剂:线虫胶囊中装有芫菁夜蛾线虫和异小杆线虫。将胶囊施于田间后释放出线虫成虫在适宜的温度下感染甜菜夜蛾幼虫,死亡率可达 100％。

③天敌保护和利用　常见的有小蜂、绒茧蜂、姬蜂、寄生蝇、螳螂、步甲、蜘蛛、泽蛙、蟾蜍以及斜纹夜蛾核多角体病毒、斜纹夜蛾颗粒体病毒、斜纹夜蛾微孢子虫(Nosema sp.)等,它们对斜纹夜蛾种群数量有相当显著的自然抑制作用。例如在广东菜田,捕食者是影响斜纹夜蛾种群数量(主要是一至三龄幼虫)的重要因子,对其第四代和第八代种群的排除作用控制系数分别为 13.904 和 12.946,如果没有这些捕食天敌的作用,下代种群数量将分别增长到当代的 15.1206 和 74.678 倍。病原微生物是影响第四代斜纹夜蛾种群数量的因子。斜纹夜蛾的病原微生物有斜纹夜蛾核多角体病毒(Pl NPV)、斜纹夜蛾颗粒体病毒(Pl GV)、苏芸金芽孢杆菌(B. t.)、斜纹夜蛾微孢子虫(Nosema sp.)。

10. 棉象甲　棉象甲包括棉棉大灰象甲(*Sympiezomias velatus Chevrolat*)和棉尖象甲(*Phytoscaphus gossypii* Chao)属鞘翅目象虫科,是棉花蕾期和蕾铃期常发性害虫。棉田发生较普遍的象甲,除棉尖象外,特早熟棉区和黄河流域棉区还有蒙古灰象甲和大灰象甲,长江流域棉区还有棉小卵象甲。棉尖象甲在长江流域、黄河流域、西北内陆及东北棉区均有分布,其中以华北棉区发生危害较为普遍,20 世纪 80 年代末期以来在河南、河北、山东的局部地区有危害加重的趋势。棉尖象甲(*Phytoscaphus gossypii* Chao)属鞘翅目,象甲总科,耳喙象甲科;又名棉小灰象甲。是棉化出期和蕾铃期经常发生的害虫。棉尖象甲除危害棉化外,还危害多种旱粮作物和果树、林木,寄主植物达 33 科 85 种,如玉米、谷子、高粱、小麦、水稻、甘薯、大豆、花生、牧草、茄子及杨树、桃树等。棉尖象甲成虫危害棉花幼苗。一株上有时群聚达十多头,甚至几十头。咬食叶柄,被害棉叶萎蔫下垂;咬食嫩端,造成断头;危害苞叶和幼蕾,严重时幼蕾脱落。

(1)形态特性(表3-6)

表3-6　两种象甲形态比较

种　类	卵	幼　虫	蛹	成　虫
棉大灰象甲	约1.2毫米,长椭圆形,初产时为乳白色,后渐变为黄褐色	体长约17毫米,乳白色,肥胖弯曲,各节背面有许多横皱	长约10毫米,初为乳白色,后变为灰黄色至暗灰色	体长9～12毫米,灰黄或灰黑色,密被灰白色鳞片。头部和喙密被金黄色发光鳞片;触角索节7节,长大于宽,复眼大而凸出,前胸两侧略凸,中沟细,中纹明显。鞘翅近卵圆形,具褐色云斑,鞘翅每鞘翅上各有10条纵沟。后翅退化
棉尖象甲	长约0.7毫米,椭圆形,有光泽	体长4～6毫米,头部、前胸背板黄褐色,体黄白色,虫体后端稍细,末节具管状突起,围绕肛门后具骨化瓣5片,两侧的略小	裸蛹长4～5毫米,腹部末端具2根尾刺。体长4.1～5毫米,雌虫较肥大,雄虫较瘦小,体和鞘翅黄褐色,鞘翅上具褐色不规则形云斑,体两侧、腹面黄绿色,具金属光泽,喙长是宽的2倍,触角弯曲呈膝状	

图 3-15　棉大灰象甲　　　　图 3-16　棉尖象甲

（2）发生规律与特点

①棉大灰象甲　2 年 1 代,第一年以幼虫越冬,第二年以成虫越冬。成虫不能飞,4 月中下旬从土内钻出,群集于幼苗取食。5 月下旬开始产卵,成块产于叶片,6 月下旬陆续孵化。幼虫期生活于土内,取食腐殖质和须根,对幼苗危害不大。随温度下降,幼虫下移,9 月下旬达 60～100 厘米土深处,筑土室越冬。翌春越冬幼虫上升表土层继续取食,6 月下旬开始化蛹,7 月中旬羽化为成虫。棉大灰象甲成虫喜温暖、干燥、昏暗的环境条件,怕冷、怕热、怕光。以成虫或幼虫在土中越冬。

②棉尖象甲　1 年发生 1 代,多以幼虫在大豆、玉米根部土壤中越冬。幼虫距表土深度:黄河流域 25～50 厘米,长江流域则为 10～20 厘米。4、5 月份气温升高,幼虫上升至表土层,黄河流域 5 月下旬至 6 月下旬化蛹,6 月上旬成虫出现,6 月中旬至 7 月中旬进入危害盛期。长江流域于 5 月中旬化蛹,蛹期 8 天,5 月中下旬成虫出现。成虫羽化后经 10 多天交配,2～4 天后产卵,成虫寿命 30 天左右,卵多散产在禾本科作物基部 1、2 茎节表面或气生根、土表、土块下,卵期约 8 天,幼虫孵化后即入土,食害嫩根,秋末气温下降,幼虫下移越冬。成虫喜群集,有假死性,夜间危害。前茬玉米虫量大,受害重。

（3）危害特点　其成虫危害棉花嫩苗，一株上多则可群聚十几头甚至数十头。成虫啃食棉叶，造成孔洞或缺刻；咬食嫩头，造成短头棉；危害幼蕾和苞叶，严重时可造成大量脱落，对产量有明显影响。成虫喜在发育早、现蕾多的棉田危害。具避光、伪死和群迁习性。还喜欢群居于草堆和杨树枝把里。温度高、湿度大，幼虫化蛹和成虫羽化相应提前，棉花的前茬为玉米或黄豆时，虫量大、受害重。

（4）防治方法

①农业防治　可在成虫出土期在棉田行间挖10厘米深的小坑，坑底撒毒土，上边堆放一些青草、树叶等，次日清晨集中杀死。

②药剂防治　百株虫量达30～50头时，可喷施化学农药防治。选用50％辛硫磷乳油，或40％丙溴磷乳油等1 000～1 500倍喷雾防治。

11. 棉叶蝉　棉叶蝉[*Amrasca biguttula* (Ishida)]同翅目，叶蝉科。别名棉叶跳虫、棉浮尘子、二点浮尘子、茄叶蝉。异名 *Empoasca biguttula*(Ishida)。在全国各棉区均有分布，其中长江下游以南和西南棉区虫口密度大，危害较重，黄河以北数量较少。其寄主范围很广，可危害棉花、茄子、烟草、番茄、葡萄、秋菊、野苋等31科77种植物，其中最喜食棉花和茄子。

（1）形态特征

①成虫　体长3毫米左右，淡绿色。头部近前缘处有2个小黑点，小黑点四周有淡白色纹。前胸背板黄绿色，在前缘有3个白色斑点。前翅端部近爪片末端有1明显黑点。阳茎短，马蹄形，阳茎柄细长。抱器基部粗壮，向端部逐渐变细，在离端部1/5处内侧有几个锯齿状突起。

②卵　长0.7毫米左右，长肾形。初产时无色透明，孵化前淡绿色。

③若虫　末龄若虫体长2.2毫米左右。头部复眼内侧有2条

斜走的黄色隆线。胸部淡绿色,中央灰白色。前胸背板后缘有2个淡黑色小点,四周环绕黄色圆纹。前翅芽黄色,伸至腹部第四节。腹部绿色。

图 3-17　棉叶蝉若虫　　　　图 3-18　棉叶蝉成虫

(2)发生规律与特点　1年发生代数因地而异。江苏1年8～9代,湖北12～14代,广东14代,世代重叠。在长江流域和黄河流域不能越冬,在华南以成虫和卵在茄子、马铃薯、蜀葵、木芙蓉、梧桐等的叶柄、嫩尖或叶脉周围及组织内越冬。

棉叶蝉在棉田的发生期各地不尽相同。淮河以南和长江以北一般在7月上旬成虫开始迁入棉田,发生危害盛期在8月下旬至9月下旬。长江流域5月中下旬迁入棉田,8月中旬后虫量增多,9月上中旬形成危害高峰。在不防治的情况下,盛发时间北方较南方为长。停止危害期北方较早,南方较迟。

成虫白天活动,晴天高温时特别活跃,有趋光性,受惊后迅速横行或逃走。成虫羽化后次日交尾、产卵。卵散产于棉株中、上部嫩叶背面组织内,以叶柄处着卵量最多,其次是主脉上。

若虫孵化后留一心状孵化扎。若虫共5龄,一、二龄若虫常群集于靠近叶柄的叶片基部,三龄以上若虫和成虫多在叶片背面取食,喜食幼嫩的叶片,夜间或阴天常爬到叶片的正面。

各虫态历期与温度相关。在 28℃~30℃时,卵历期 5~6 天,若虫期 5.6~6.1 天,成虫期 15~20 天。

棉叶蝉喜光、喜热、惧寒,平均温度 32℃、相对湿度 70%~80%时,最有利于其危害、繁殖。零星种植的棉田、密度较稀的棉田以及沙壤地种植的棉花,棉叶蝉发生危害重。晚播、肥力差(氮、磷、钾配比不适当)或氮肥过多的棉田以及少毛、叶片肥厚的品种,棉叶蝉喜欢取食,受害重。

(3)危害特点 成虫产卵多散产于棉株上、中部叶片背面中脉组织内。卵孵化后,一、二龄若虫常聚集于叶片基部,成、若虫多在叶片背面取食,夜间或阴天常爬到叶片正面。因其喜食幼嫩的叶片,故棉株上部虫口多,中部次之,下部少。棉花遭受棉叶蝉危害后,先是叶片的尖端及边缘变黄,逐渐扩至叶片中部。危害加重时,棉叶的尖端及边缘由黄色变红,并逐渐向叶片中部扩大,受害最重时,后期棉叶还会由红色变成焦黑色。

(4)防治方法 棉叶蝉的防治要以农业防治为基础,压低发生基数和防治其他棉花害虫时进行兼治为重点。药剂防治适期为 8~9 月中下旬,当百叶成、若虫数量达 100 头以上或棉叶尖端开始变黄时,就是施药的有利时机。药剂可选用 20%叶蝉散乳油 600~800 倍液,或 25%扑虱灵可湿性粉剂 800~1 000 倍液或 2.5%敌杀死乳剂 2 000~2 500 倍液,采取成片连防,每隔 7 天再喷雾 1 次,连喷 2~3 次。

12. 美洲斑潜蝇 美洲斑潜蝇(*Liriomyza sativae* Blanchard)属双翅目,潜蝇科。是近年来我国新发现得一种危险性极大、毁灭性极强的害虫。目前,已分布于 23 个省、市、自治区。寄主范围广泛,可严重危害黄瓜、丝瓜、西瓜、菜豆、豇豆、番茄、茄子等豆科、茄科、葫芦科及十字花科的多种蔬菜,还可危害棉花、蓖麻及部分花卉和杂草。已在许多地区对蔬菜生产构成严重威胁,部分地区因美洲斑潜蝇猖獗危害,造成蔬菜拉秧绝收。

（1）形态特征

①成虫　较小,体长1.3～2.3毫米,浅灰黑色,胸背板亮黑色,体腹面黄色,雌虫体比雄虫大。

②卵　米色,半透明,大小0.2～0.3×0.1至0.15毫米

③幼虫　蛆状,初无色,后变为浅橙黄色至橙黄色,长3毫米。

④蛹　椭圆形,橙黄色,腹面稍扁平,大小1.7～2.3×0.5～0.75毫米。

图3-19　美洲斑潜蝇幼虫图　　**图3-20　美洲斑潜蝇危害状**

（2）发生规律与特点　美洲斑潜蝇寄主广泛、适应性强,危害蔬菜、棉花等植物。在河南省洛阳市每年发生9～10代,其中露地年发生8～9代,保护地1～2代。3月中旬之后保护地危害,露地4月中旬后开始活动,6月中下旬始见危害。6月种群密度一直很低,百叶虫量3～5头。6月以后,虫量开始上升,危害加重,8月初至9月下旬,温度最适,每20天可发生一代,并世代交替,11月中下旬温度下降到15℃左右,危害停止。影响棉田美洲斑潜蝇种群发生消长的主要因素是寄主、气候、播期和天敌,尤其以前两者的影响最大。降雨不利于其幼虫生长和发生。一般来讲,7～9月份适温干旱发生重,低温多雨发生轻。由于冬季斑潜蝇不能在田间越冬,11月份后各种斑潜蝇危害转入蔬菜大棚。

成虫具有趋光、趋绿和趋化性,对黄色趋性更强。有一定飞翔能力。成虫吸取植株叶片汁液;卵产于植物叶片叶肉中;初孵幼虫潜食叶肉,主要取食栅栏组织,并形成隧道,隧道端部略膨大;老龄幼虫咬破隧道的上表皮爬出道外化蛹。主要随寄主植物的叶片、茎蔓、甚至鲜切花的调运而传播。

(3)危害特点 以幼虫取食叶片正面叶肉,形成先细后宽的蛇形弯曲或蛇形盘绕虫道,其内有交替排列整齐的黑色虫粪,老虫道后期呈棕色的干斑块区,一般1虫1道,1头老熟幼虫1天可潜食3厘米左右。南美斑潜蝇的幼虫主要取食背面叶肉,多从主脉基部开始危害,形成弯曲较宽(1.5~2毫米)的虫道,虫道沿叶脉伸展,但不受叶脉限制,若干虫道可连成一片形成取食斑,后期变枯黄。两种斑潜蝇成虫危害基本相似,在叶片正面取食和产卵,刺伤叶片细胞,形成针尖大小的近圆形刺伤"孔",造成危害。"孔"初期呈浅绿色,后变白,肉眼可见。幼虫和成虫的危害可导致幼苗全株死亡,造成缺苗断垄;成株受害,可加速叶片脱落。

(4)防治方法

①严格检疫 防止该虫扩大蔓延。美洲斑潜蝇飞翔能力弱,自然扩散能力低,主要借卵和幼虫随寄主植株、带叶瓜果蔬菜或蛹随盆栽植株、土壤以及交通工具等人为传播做远距离传播。

②农业防治 在斑潜蝇危害重的地区,要考虑选育抗(耐)品种,调节种植,与其不危害的作物进行合理套种或轮作,加强管理,适当疏植,增加田间通透性;收获后及时清洁田园,及时摘除销毁虫叶;田间灌水,杀灭落地蛹,可在水中加入辛硫磷等农药效果更佳。

③物理防治 由于美洲斑潜蝇有强烈的趋黄性,预测掌握在发生高峰期可在田间设置黄色诱虫板(用黄色油漆夹板,两面涂上不干胶或贴上粘蝇纸)诱杀。每667平方米放置15个诱杀点,每个点放置1张诱蝇纸诱杀成虫,每15天更换1次。也可用斑潜蝇

诱杀卡,使用时把诱杀卡揭开挂在斑潜蝇多的地方,诱杀效果也很好。

④生物防治　天敌特别是寄生性天敌蜂类对美洲斑潜蝇有一定的控制作用。释放姬小蜂 Diglyphus spp、反颚茧蜂 Dacnusin spp.、潜蝇茧蜂 Opius spp. 等,这 3 种寄生蜂对斑潜蝇寄生率较高,发生期寄生率可达 50％左右,能有效抑制种群发生数量。因此选用高效、低毒、低残留农药合理交替使用,可达到保护天敌,控制害虫的双重作用。

⑤药剂防治　在受害作物每叶片有幼虫 5 头时,掌握在幼虫二龄前(虫道很小时),于 8～11 时露水干后幼虫开始到叶面活动或者熟幼虫多从虫道中钻出时开始喷洒 25％斑潜净乳油 1 500 倍液或 48％毒死蜱 1 500 倍液,或 1.8％阿维菌素乳油 1 000 倍液,防治时间掌握在成虫羽化高峰的 8～12 时效果好。

⑥利用寄生蜂防治　姬小蜂、反领茧蜂、潜蝇茧蜂等寄生蜂天敌寄生率可达 50％以上。

13. 烟粉虱　烟粉虱[*Bemisia tabaci*（*Gennadius*）]是一种世界性的害虫。原发于热带和亚热带区,自 20 世纪 80 年代以来,随着世界范围内的贸易往来,烟粉虱借助花卉及其他经济作物的苗木迅速扩散,在世界各地广泛传播并暴发成灾,现已成为美国、印度、巴基斯坦、苏丹和以色列等国家棉花生产上的重要害虫。由于种植结构的调整,塑料大棚、日光温室等保护地蔬菜种植面积扩大,为烟粉虱提供了充足的食料和适宜的越冬环境,再加上烟粉虱体被蜡质,繁殖速度快,世代重叠严重,化学农药难防治,棉农对其发生规律没有掌握,防治不够重视,致使棉田烟粉虱的发生危害逐年加重,烟粉虱也成为棉田主要害虫之一。

(1)形态特征

①成虫　雌虫体长 0.91 ± 0.04 毫米,翅展 2.13 ± 0.06 毫米;雄虫体长 0.85 ± 0.05 毫米,翅展 1.81 ± 0.06 毫米。虫体

淡黄白色到白色,复眼红色,肾形,单眼两个,触角发达7节。翅白色无斑点,被有蜡粉。前翅有2条翅脉,第一条脉不分叉,停息时左右翅合拢呈屋脊状。足3对,跗节2节,爪2个。

②卵 椭圆形,有小柄,与叶面垂直,卵柄通过产卵器插入叶内,卵初产时淡黄绿色,孵化前颜色加深,呈琥珀色至深褐色,但不变黑。卵散产,在叶背分布不规则。

③若虫(一至三龄) 椭圆形。一龄体长约0.27毫米,宽0.14毫米,有触角和足,能爬行,有体毛16对,腹末端有1对明显的刚毛,腹部平、背部微隆起,淡绿色至黄色可透见2个黄色点。一旦成功取食合适寄主的汁液,就固定下来取食直到成虫羽化。二、三龄体长分别为0.36毫米和0.50毫米,足和触角退化至仅1节,体缘分泌蜡质,固着危害。

④蛹(四龄若虫) 蛹淡绿色或黄色,长0.6～0.9毫米;蛹壳边缘扁薄或自然下陷无周缘蜡丝;胸气门和尾气门外常有蜡缘饰,在胸气门处呈左右对称;蛹背蜡丝有无常随寄主而异。顶部三角形具一对刚毛;管状肛门孔后端有5～7个瘤状突起。

图3-21 烟粉虱成虫　　图3-22 烟粉虱若虫

(2)发生规律与特点 烟粉虱的生活周期有卵、若虫和成虫3个虫态,一年发生的世代数因地而异,在热带和亚热带地区每年发生11～15代,在温带地区露地每年可发生4～6代。田间发生世代重叠极为严重。一般每 2～6 周发生 1 代,每年有 10 个重叠世代,由于世代重叠严重,同一时期各种虫态同时存在,5 月上旬开始迁入棉田繁殖危害,9 月份是危害盛期,成虫喜在温暖无风的天气活动,高温高湿条件下适宜天发生繁殖。卵由于有卵柄与寄主联系,可以保持水分平衡,不易脱落。若虫孵化后在叶背可作短距离游走,数小时至 3 天找到适当的取食场所后,口器即插入叶片组织内吸食,一龄若虫多在其孵化处活动取食。二龄后各龄若虫以口器刺入寄主植物叶背组织内,吸食汁液,且固定不动,直至成虫羽化。在卵量密度高的叶片上,常可看到若虫分布比较均匀的现象。白粉虱的成虫对黄色有很强的趋性,飞翔能力很弱,向外迁移扩散缓慢。发育时间随所取食的寄主植物而异,在 25 ℃条件下,从卵发育到成虫需要 18～30 天,成虫寿命为 10～22 天。每头雌虫可产卵 30～300 粒,在适合的植物上平均产卵 200 粒以上。

(3)危害特点 烟粉虱成虫和若虫均能危害,但若虫危害更严重,成、若虫群集在中、上部叶背吸食汁液,棉叶受害后,出现褪绿斑点或黑红色斑点,棉株生长不良,重者引起蕾铃大量脱落,降低棉花产量和品质。能够传播 70 多种病毒,是许多病毒病的重要传毒媒介,引起多种植物病毒病,造成植株矮化、黄化、褪绿斑驳及卷叶。并且分泌大量蜜露,污染叶片,诱发煤污病。

(4)防治方法

①农业措施 清除田间及周围杂草,减少虫源。春季清除田边地头杂草,销毁棉粉虱早春存活繁殖的场所。棉粉虱嗜喜黄色,用黄色粘胶板或黄色塑料膜涂上粘虫剂,挂在棉田地边,可诱集粘连成虫致死。

②化学防治 用 10％吡虫啉 800 倍液,或 2.5％高效氯氟氰菊酯 2 500 倍液,或 3％天达啶虫脒乳油 1 000 倍液交替均匀喷雾,每 5 天 1 次,连续施药 2－3 次。

③天敌保护与利用 烟粉虱的天敌资源丰富,主要有膜翅目、

鞘翅目、脉翅目、半翅目和捕食性螨类,以及一些寄生真菌等。在世界范围内,烟粉虱有45种寄生性天敌如恩蚜小蜂属和浆角蚜小蜂属等,62种捕食性天敌如瓢虫、草蛉和花蝽等7种虫生真菌(拟青霉、轮枝菌和座壳孢菌等)。对粉虱影响比较大的是丽蚜小蜂。在我国,有19种寄生性天敌[主要是匀鞭蚜小蜂属(Encarsia)和浆角蚜小蜂属(Eretmocerus)的种类],18种捕食性天敌(瓢虫、草蛉、花蝽等)和4种虫生真菌[玫烟色拟青霉(Paecilomyces fumosoroseus)、蜡蚧轮枝菌(Verticillium lecanii)、粉虱座壳孢(Aschersonia aleyrodis)和白僵菌(Beauveria bassiana)]。在台湾,东方蚜小蜂(*Eretmocerus orientalis Sivestri*)对烟粉虱的抑制作用相当大。

14. 中华稻蝗 中华稻蝗(*Oxya chinensis Thunberg*)属直翅目,蝗科。黄河流域和长江流域棉区均有分布。食性杂,寄主有水稻、棉花、玉米、高粱、麦类、甘蔗、黍、甘薯、豆类及禾本科杂草。

(1)形态特征 成虫体长16~40毫米,雌虫比雄虫约大1倍,体淡黄,前翅前缘绿色,其余淡褐,翅长超过后足腿节末端。卵长圆筒形,中央稍弯,深黄色,外包褐色胶质卵囊,略呈椭圆形,其内有卵10~100粒。一龄幼虫淡灰绿色,触角13节;二龄绿色,触角14~17节;三龄淡绿色,触角18~19节。

(2)发生规律 华东、华中1年发生1代,华南约2代。以卵在田埂或田边、荒地土中越冬。成、若虫均能危害棉叶。1代约在5月开始孵化,7~8月份可见成虫,9~10月份间在土壤中产卵越冬。成虫寿命50~60天。在潮湿、禾本科植物生长茂密的环境中发生较多。

(3)危害特点 以成虫、若虫啃食棉叶、花和嫩铃。一、二龄若虫常群集危害棉苗,三龄以后逐渐分散,在棉花蕾期危害,四、五龄若虫和成虫在盛花期和铃期危害。棉花的嫩头、蕾、花和幼铃都能受害。

（4）防治技术

①农业防治　冬春两季清洁田园、沟渠杂草；冬耕冬灌，及时中耕、耙耱，破坏卵块，阻止孵化。

②生物防治　保护利用自然天敌；先用微孢子虫制剂（青草饵料）防治1次，5～7天后再用抑太保、卡死克2 000倍液喷施，可长期控制危害。

③化学防治　在蝗蝻尚未分散危害前，用乙酰旱胺磷丙溴磷、辛硫磷、溴氰菊酯、功夫等1 000～1 500倍喷雾防治；用90%敌百虫50毫升拌炒香得麦麸、豆饼5千克制成毒饵撒于田间诱杀。

15. 短额负蝗　短额负蝗（*Atractomorpha sinensis Bolivar*）属直翅目，蝗科，俗称尖头蚱蜢。主产棉区均有分布。除危害棉花外，还危害豆类、玉米、高粱、蔬菜和多种绿化带草类等。

（1）形态特征　雄成虫体长19～23毫米，雌成虫体长28～35毫米，体草绿、绿、黄绿或褐色，有淡黄色瘤状突起。头尖，颜面斜度很大，与头成锐角。触角剑状，雄成虫触角的长等于头胸之和，雌成虫触角较短。

（2）发生规律　浙江、江西每年可发生2代，华北每年发生1代，为多食性害虫，主要危害棉花，以卵在土中越冬。5月份陆续孵化，初孵若虫聚集在棉苗真叶表面，啃食叶肉，留下表皮。6月下旬至7月上旬第一代成虫羽化，并交尾产卵，卵于7月下旬至8月上旬孵化，8月底到9月上第二代成虫羽化，9月中下旬交尾产越冬卵，成虫死亡。据江西的资料，短额负蝗产卵多在下午4～6时，产卵场所常为比较平整且稍凹的洼地，土质较细，杂草较稀少的地区。干旱年易大发生。

（3）危害特点　以成、若虫取食棉叶。低龄若虫取食叶肉留下表皮，二龄以后危害叶片，咬成缺刻或小孔。大龄若虫与成虫食量大，取食棉叶时，咬成大缺刻，咬食叶肉，有时只留表皮和主脉。可咬食棉蕾、苞叶和花，棉花得生长点、蕾和花常受到危害。

(4)防治技术　参见中华稻蝗。

16. 长额负蝗　长额负蝗(*Atractomorpha lata Motschulsky*)属直翅目,蝗科。主要危害棉花,也危害烟草、稻、甘蔗凤梨和蔬菜等。分布河北、河南、山东、江苏、福建、台湾等地。

(1)形态特征　雌雄成虫个体差异大,雄成虫体长 21～25 毫米,雌成虫 30～40.5 毫米;雄虫前翅长 22～23 毫米,雌虫 29～36.5 毫米。体绿、黄绿或淡黄色。体形较粗壮,体长为宽地～8倍。自复眼的后下方,沿前胸背板侧片的底缘略具淡红色纵条纹和淡色的圆形颗粒,有时条纹可到达中足的基部。头锥形,顶端略尖。触角粗短,剑状。复眼长卵形。前翅较长,后翅颇短于前翅。

(2)发生规律　在我国东部沿海及华北南部地区 1 年发生 2代,有时有 3 代,以卵在土中越冬。越冬卵 5 月陆续孵化,6 月下旬至 7 月上旬第一代成虫羽化,并交尾产卵,卵于 7 月下旬到 8 月上旬孵化,8 月底 9 月上旬第二代成虫羽化,9 月中下旬交尾产越冬卵,成虫死亡。

(3)危害特点　以成、若虫取食棉叶。低龄若虫取食叶肉留下表皮,二龄以后危害叶片,咬成缺刻或小孔。大龄若虫与成虫食量大,取食棉叶时,咬成大缺刻,咬食叶肉,有时只留表皮和主脉。可咬食棉蕾、苞叶和花,棉花得生长点、蕾和花常受到危害。

(4)防治技术　参见中华稻蝗。

17. 日本黄脊蝗　日本黄脊蝗(*Patanga japonica Bolivar*)属直翅目,蝗科。食性杂,具迁飞性。全国各棉区均有分布。

(1)形态特征　成虫体长 31～36 毫米,黄褐色至暗褐色。体背沿中线自头顶至翅尖有明显的淡黄色纵条,复眼下有短黑色条纹。体腹面及腿下绒毛较密。卵略呈梭形,稍弯,卵囊长椭圆形,卵在囊中排列不整齐。末龄若虫体色较淡,翅芽可达第三腹节。

(2)发生规律　黄河及长江流域棉区一年发生 1 代。3～4 月份危害小麦,小麦成熟后,迁入棉花、大豆、玉米等地危害,并在土里产卵,每个卵块平均有 126.17 粒卵。6～7 月份蝗蝻开始危害,8 月中旬羽化为成虫,主要危害晚稻,10 月中下旬以成虫在田边枯草或土块缝隙间开始越冬。

(3)危害特点 以成虫、若虫啃食棉叶、花和嫩铃。一、二龄若虫常群集危害棉苗,三龄以后逐渐分散,在棉花蕾期危害,四、五龄若虫和成虫在盛花期和铃期危害。棉花的嫩头、蕾、花和幼铃都能受害。

(4)防治技术 见中华稻蝗。

18. 金刚钻类 我国危害棉花的金刚钻主要有鼎点金刚钻、翠纹金刚钻和埃及金刚钻等,均属鳞翅目、夜蛾科。

金刚钻(diamond bollworms)分布较为广泛。鼎点金刚钻在国外主要分布于东亚一带;国内除西北内陆棉区外,其他棉区均有发生,分布北界为辽宁沈阳,以长江流域棉区发生较重。翠纹金刚钻在国外主要分布于印度、东南亚及东亚等地;国内分布北界为江苏徐州、山西运城、河南新乡,在北纬 25°以南发生数量较多。埃及金刚钻在国外主要分布于非洲、澳洲、印度及东南亚等地;国内仅分布于台湾、广东、云南,为华南棉区特有种。金刚钻除危害棉花外,还可危害多种锦葵科植物,如木棉、苘麻、冬葵、向日葵、蜀葵、锦葵、黄秋葵、木芙蓉、木槿、野棉花等。以幼虫蛀食棉花嫩头、蕾、花和青铃,造成断头,侧枝丛生和蕾、花、铃脱落或腐烂。

(1)形态特征(表 3-8)

表 3-8　三种金刚钻形态特征区别

种　类	卵	幼　虫	蛹	成　虫
鼎点金刚钻	鱼篓形。初产时鲜绿色，有光泽，后变为灰白色，孵化前呈黑色。表面纵棱分长短2类，一般不分岔	老熟幼虫体长10～15毫米。唇基橘红色，有褐色圆斑。腹部背面各节的毛突均隆起、粗大，第2、5、8腹节的隆起黑色，其余灰白色。腹足趾钩18～22个，臀足趾钩22～23个	体长7.5～9.5毫米。初为绿色后变为红褐色。中足比下颚长，触角比中足长。肛侧突3个。蛹茧前宽后窄，前方有1鸡冠状突起，灰白色或灰褐色	体长6～8毫米，翅展16～20毫米。头部青白色或青黄色，胸部黄色。前翅黄绿色，前缘有红褐色或橘黄色条，外缘角橙黄色，外缘波纹褐色；翅中央有3个鼎足而立的褐红色圆点，其中2个位于中室，1个位于亚前缘脉与径脉之间。后翅三角形，银白色
翠纹金刚钻	鱼篓形。初产时天蓝色，孵化前呈乳白色。表面纵棱同长，不分岔	老熟幼虫体长12～15毫米。唇基深褐色。腹部背面毛突仅第8节呈粗、短、小、白色的隆起，其余各节均不隆起。腹足趾钩17～20个，臀足趾钩16～18个	体长8.0～10.5毫米。中足与下颚等长，触角短于或等于中足长度。肛侧突2～3个。蛹外有丝茧包围	体长9～13毫米，翅展20～26毫米。头部白色，胸部翠绿色。前翅中间有1条翠绿色纵条纹，翅基部较窄，向外缘逐渐变宽，前后缘粉白色

续表 3-8

种　类	卵	幼虫	蛹	成虫
埃及金刚钻	扁球形。表面纵棱分岔	老熟幼虫体长 10～15 毫米。唇基乳白色。腹部背面各节毛突均隆起，但细长，第 2 节的黑色，其余各节白色。腹足趾钩 13～17 个，臀足趾钩 16～18 个	体长 8～15 毫米。中足比下颚长，触角比中足短。肛侧突 5～8 个	体长 7～12 毫米。头部绿色，微间白色。前翅暗绿色、草黄色或淡褐色，内横线 W 形，外横线与亚缘线 V 形。

图 3-23　鼎点金刚钻(马奇祥　摄)

图 3-24　翠纹金刚钻幼虫及危害状(马奇祥　摄)

（2）发生规律与特点

①鼎点金刚钻　每年发生代数因地而异。黄河流域棉区 1 年 3～4 代，长江流域棉区 4～6 代，华南棉区 7～8 代。各地均以结茧蛹越冬，越冬场所比较分散，多在比较干燥的地方或距地面 40～100 厘米的附着物上，主要有棉秆、枯铃和铃壳、苞叶、枯枝落叶、棉仓棚壁及树上。

越冬蛹在春季平均温度达 22℃时开始羽化，26℃时达羽化高峰。各地发生期不尽相同,如在河南每年发生4代,各代幼虫发生盛期分别在6月下旬至7月上旬、7月下旬至8月上旬、8月下旬至9月上旬和9月下旬至10月上旬;在湖北每年发生5代,分别在5月下旬至6月上旬、7月中旬至8月上旬、8月中下旬、9月上中旬和10月上中旬;在江西每年发生6代,分别在5月下旬至6月上旬、6月下旬至7月上旬、7月下旬至8月上旬、8月中下旬、9月中下旬和10月中下旬。

幼虫孵化多在7:00～10:00,先食卵壳,然后在卵壳周围爬行2～3小时,或吐丝借助风力分散。第1代若虫发生期棉花尚未现蕾开花,多从近顶端的嫩茎蛀入,造成嫩头枯萎变黑下垂,而后侧枝丛生。以后各代以幼虫蛀食蕾、花、铃,造成枯萎脱落。有转移危害习性,每头幼虫能危害花蕾20个,青铃4～5个。

成虫昼伏夜出,飞翔力弱,对黑光灯有一定趋性。产卵历期8～12天,卵散产于棉花嫩叶背面和嫩茎、嫩蕾及幼铃苞叶上,单雌平均产卵量222粒。

在25℃～30℃条件下,成虫寿命9.2～15.2天,产卵前期2～4天,卵期3.5～4.0天,幼虫期11.7～14.6天,蛹期9.8～10.9天。

②翠纹金刚钻　年发生代数因地而异。湖北4～5代,江西、湖南5～6代,云南8～9代,广州、海南9～11代,长江以北不能越冬,长江流域可见少量越冬蛹,虫源主要来自外地。成虫产卵于棉花顶芽和苞叶上。卵散产,单雌产卵量平均150粒左右。其生活习性基本与鼎点金刚钻相同,田间第一代幼虫出现时间北纬26°以南在5月份,北纬28°以北在6～7月份间。在湖北每年发生4代,各代幼虫发生期分别在7月中旬、8月中旬、9月中下旬和10月下旬;在江西每年发生5代,幼虫发生期分别在6月下旬至7月下旬、7月下旬至8月中旬、8月中旬至8月上旬、9月上旬至10月中旬和10月上旬至11上中旬。在25℃～28℃条件下,成虫寿命7～14天,产卵前期2～3天天,卵期3天,幼虫期13～15天,蛹

期 6～8 天。

③埃及金刚钻 在云南 1 年发生 5～11 代,可终年繁殖危害。在 18.7℃条件下完成 1 个世代约 50 天,36.3℃条件下仅 27 天。在云南各虫态历期与不同季节的温度密切相关。卵期在 4～10 月为 3 天,11 月中旬至 2 月中旬为 6～10 天;幼虫期在夏季为 8～12 天,冬季为 11～34 天;蛹期在 2～3 月份为 13～77 天,4～10 月份为 7～12 天。其他习性与翠纹金刚钻相似。

(3)危害特点 初孵幼虫取食棉株上部群尖嫩叶和幼蕾,稍大蛀食用蕾、花和棉铃。棉花现蕾初期,幼虫常钻蛀棉苗顶心幼茎,造成断头。

(4)防治方法 金刚钻防治应以农业防治为基础,清除棉田外虫源与棉田内药剂防治相结合。

①农业防治 棉花收获后及时翻耕,处理棉秆、枯铃和枯枝落叶,消灭越冬蛹。结合棉田管理将去掉的顶尖、嫩头等及时带出田外处理。成虫产卵期喷撒 2%过磷酸钙浸出液可减少产卵。

②诱杀成虫 在棉田周围种植蜀葵、黄秋葵、木槿等植物,早春可诱集成虫集中产卵,减轻棉田危害。

③化学防治 防治适期和常用喷雾药剂见棉铃虫。

④天敌保护与利用 鼎点金刚钻的寄生性天敌有金刚钻绒茧蜂、红铃虫甲腹茧蜂;翠纹金刚钻的寄生性天敌有金刚钻绒茧蜂、金刚钻窄径茧蜂、金刚钻驼姬蜂;埃及金刚钻的寄生性天敌有金刚钻大腿小蜂。捕食性天敌有瓢虫、草蛉、蜘蛛、小花蝽和红蚂蚁等。

三、棉花病害及防治

随着棉苗的生长,棉花度过了"断奶期",到 2 片真叶后,对各种病害,尤其是腐生性病原菌的抗性增强,苗期危害棉花的病害大部分消失,到蕾期病害比较少,但随着棉花从营养生长转入生殖生长,系统性病害,如枯萎病和黄萎病则开始逐渐加重。这个生育期的棉花病害主要有枯萎病、黄萎病、炭疽病、黑斑病等。

(一)主要病害种类

在长江流域棉区主要病害有枯萎病、黄萎病、炭疽病、黑斑病等,而黄河流域棉区主要有枯萎病、黄萎病、和黑斑病等,在以新疆为住的西北内陆棉区病害有枯萎病、黄萎病等。

(二)主要病害发生规律

棉花枯萎病一度是危害棉花生产最严重的病害之一,被称为棉花的"癌症"之一,病原菌是尖孢镰刀菌萎蔫专化型[Fusarium oxysporum f. sp. vasinfectum（Atk.）Snyder et Hansen]。属于真菌中的半知菌类丛梗孢目瘤座孢科的镰刀菌属。1993 年在最后的一块净土澳大利亚发现该病害后,该病害已遍布世界各产棉区。在我国,枯萎病的发生危害一度十分猖獗,在 1970～1985 年期间在各大棉区严重发生,并被列为植物检疫对象。随着各地陆续出现,1990 年后从植物检疫对象名单中被取消。

早在 1892 年,Hamsen 首次报道了在美国的阿拉巴马州发现棉花枯萎病,随后该病逐渐向美国各地蔓延,并随着时间的推移逐步扩散到世界各国。1934 年黄方仁报道在江苏南通发现棉花枯萎病,这是该病害在我国发生的首次报道。1935 年后随着推广种植美国引入的斯字棉 4B,该病害开始在我国蔓延。五十年代初,枯、黄萎病只零星发生于陕西、山西、江苏等 10 个省的局部地区。随后病害蔓延扩展,危害日益严重。目前,已遍及辽宁、河北、河南、山东、山西、陕西、北京、天津、甘肃、宁夏、新疆、云南、贵州、四川、湖北、湖南、安徽、江苏、浙江、江西和上海等 21 个省、市、自治区,在 1970 年代该病在陕西、四川、江苏、云南、山西、河南等省严重危害。

棉花枯萎病是危害棉株维管束的病害。土壤中的枯萎病菌，温、湿度适宜时，病菌孢子萌发的菌丝体可从棉花根毛或伤口处（虫伤、机械伤）侵入根系内部。菌丝先穿过根系的表皮细胞，在细胞间隙中生长，继而穿过细胞壁，再向木质部的导管扩展，并在导管内迅速繁殖，产生大量小孢子，这些小孢子随着输导系统的液流向上运行，依次扩散到茎、枝、叶柄、叶脉和铃柄、花轴、种子等棉株的各个部位。棉株感病枯死后，枯萎病菌在土壤中，能以腐殖质为生或在病株残体休眠，连作棉田土壤中不断积累菌源，就形成所谓的"病土"，此为年复一年重复侵染并加重发病的主要根源。枯萎病菌在土壤里的适应性很强，当遇到干燥、高温等不利环境条件时，还能产生厚恒孢子等休眠体以抵抗恶劣环境，所以，病菌在土中一般能存活 8～10 年。棉田一旦传入枯萎病菌，若不及时采取防治措施将以很快的速度蔓延危害。枯萎病的发展尤为迅速，往往"头年一个点，二年一条线，三年一大片"，几年内就能使零星发病发展到猖獗危害的局面。

棉花枯萎病菌主要通过下述方式传播。棉子传播：枯萎病菌随棉子调引而传播。追溯我国各地棉花枯萎病和黄萎病最初传入和逐步扩散的历史，发现该病大多是由国外引种或从调进外地病区棉子开始的。据记载，1935 年从美国引进大批斯字棉 4B 种子，未作消毒处理，就分发到泾阳等处农场和农村种植，这些地方后来也就成为我国枯萎病发病最早和最重的病区。调引带病种子是造成棉花枯萎病远距离传播，出现新病区的主要途径。

从棉子的短绒上容易分离到枯、黄萎病菌，从棉子壳、棉子仁也能分离到少量的枯萎病菌。带枯萎病菌的棉子，当年就能造成棉花发病。种子带菌主要在棉子的外部，特别是在棉子的短绒上；但经硫酸脱绒的棉子，仍有 0.23％棉株发病，间接地证明了棉子内部可能带有少量的枯萎病菌。

采用冷榨方法榨油，不能杀死棉子内、外的枯、黄萎病菌，这种棉子饼作为肥料施用,常能使病害远距离传播。棉子饼和棉子壳是喂养耕牛常用的饲料,带菌的棉子壳,虽通过牛的消化系统,病菌仍能存活。所以,此病亦能借带菌棉子饼和棉子壳而传播。

1. 病株残体传病 棉花枯萎病菌存在于病株的根系、茎秆、叶片、铃壳等各个部位,这些病株残体可直接落到地里或用以沤制堆肥,这也成为传播病害的重要途径。病株残体也是枯萎病借以传播的重要病菌来源。

2. 带菌土壤传病 棉花枯萎病菌能潜存于土壤内 10 年左右不死。据国外报道,甚至病田停种棉花 25 年后,再种棉花仍能出现枯萎病株。由于枯萎病菌可在土壤中营腐生生活,其厚膜孢子的适应力又很强,故能长期存活。枯萎病菌在土壤里扩展的深度,常可达到棉花根系的深度,但大量的病菌还是分布在耕作层内。枯萎病菌一旦在棉田定植下来,往往就不易根除。同一块棉田或局部地区内的病害扩散,多半是由于病土的移动所致。

3. 流水和农业操作传病 枯、黄萎病可借助水流扩散,雨后棉田过水或灌溉,能将病株残体和病土向四周传播,或带入无病田,造成病害蔓延。在病田从事耕作的牲畜、农机具以及人的手足等均能传带病菌,同一块棉田或局部地区内的病害扩散,多半是由于病土的移动所致。

棉花枯萎病菌在土温低、湿度大的情况下,菌丝体生长快;反之,在土温高而干燥的条件下,菌丝体生长就慢。当气候条件有利于病菌繁殖而不利于棉花生育时,棉株感病就严重。在棉花生育过程中,一般出现两个发病高峰。当 5 月上中旬地温上升到 20℃左右时,田间开始出现病苗;到 6 月中下旬地温上升到 25℃～30℃,大气相对湿度达 70% 左右时,发病最盛,造成大量死苗,出现第一个发病高峰。待到 7 月中下旬入伏以后,土温上升到 30℃以上,此时病菌的生长受到抑制,而棉花长势转旺,病状即趋于隐蔽,有些病株甚至能恢复生长,抽出新的枝叶;8 月中旬以后,当土温降到 25℃ 左右时,病势再次回升,常出现第二个发病高峰。雨量和土壤湿度也是影响枯萎病发展的一个重要因素,若 5、6 月份雨水多,雨日持续一周以上,发病就重。地下水位高的或排水不良的低洼棉田一般发病也重。雨水还有降低土温作用,每当夏季暴雨之后,由于土温下降,往往引起病势回升,诱发急性萎蔫性枯萎病的大量发生。但若土温低于 17℃,湿度低于 35% 或高于 95%,都不利于枯萎病的发生。

枯萎病菌在棉田定殖以后,若连作感病棉花品种,则随着年限的增加,土壤中病菌量积累愈多,病害就会愈严重。棉田地势低洼、排水不良,或者灌溉棉区,一般枯萎病发病较重。灌溉方式和灌水量都能影响发病,大水漫灌往往起到传播病菌的作用,并造成土壤含水量过高,不利于棉株生长而有利于病害的发展。营养失调也是促成寄主感病的诱因。氮、磷是棉花不可缺少的营养,但偏施或重施氮肥,反能助长病害的发生。氮、磷、钾配合适量施用,将有助于提高棉花产量和控制病害发生。

棉田线虫侵害棉花根系,造成伤口,诱致枯萎病的发生。枯萎病菌与线虫混接比单接枯萎病菌其发病率增高,而且感病品种棉株根围线虫数量较抗病品种为多。棉田线虫是枯萎病发生的诱因之一,在美国认为枯萎病和线虫病是相互联系的复合性病害。

枯萎病发病时期与棉花生育期有密切的关系。现蕾前后进入发病盛期,若现蕾期推后则发病高峰也顺延,发病高峰的出现不因早播而提前。

棉花不同的种或品种,对枯、黄萎病的抗病性有很大差异。一般亚洲棉对枯萎病抗病性较强,陆地棉次之,海岛棉较差。在陆地棉中各品种间对枯萎病的抗性差异显著,如:86-1 号、中棉所 12 等品种抗病性很强,33B 属耐病品种,而新陆早 7 号、军棉 1 号等品种则易感病。20 世纪 80 年代中期以后,随着我国棉花品种抗枯萎病性能的提高,棉花枯萎病在生产上已很难见到,尤其是 90

年代以后,我国棉花品种大部分成为抗枯萎病品种,除在新疆等内陆棉区以外,在华北及长江流域棉区已基本上被有效地控制。

棉花枯萎病对棉株生育的影响很大,在苗期即引起大量死苗,造成严重的缺苗断垄,甚至毁种。幸存的棉株,大多生长衰弱或半边枯死,病株的蕾铃脱落增加,现蕾数及结铃数显著减少,铃重减轻,衣指特别是子指显著变小,直接影响种子的成熟度和发芽率,纤维的长度和强度也受影响。

(三)主要病害危害特点

1. 枯萎病症状识别 棉花枯萎病菌能在棉花整个生长期间侵染危害。在自然条件下,枯萎病一般在播后一个月左右的苗期即出现病株。由于受棉花的生育期、品种抗病性、病原菌致病力及环境条件的影响,棉花枯萎病呈现多种症状类型,现分述如下:

(1)幼苗期 子叶期即可发病,现蕾期出现第一次发病高峰,造成大片死苗。苗期枯萎病症状复杂多样,大致可归纳为5个类型:

①黄色网纹型 幼苗子叶或真叶叶脉褪绿变黄,叶肉仍保持绿色,因而叶片局部或全部呈黄色网纹状。最后叶片萎蔫而脱落。

②黄化型 子叶或真叶变黄,有时叶缘呈局部枯死斑。

③紫红型 子叶或真叶组织上红色或出现紫红斑,叶脉也多呈紫红色,叶片逐渐萎蔫枯死。

④青枯型 子叶或真叶突然失水,色稍变深绿,叶片萎垂,猝倒死亡,有时全株青枯,有时半边萎蔫。

⑤皱缩型 在棉株5～7片真叶时,首先从生长点嫩叶开始,叶片皱缩、畸形,叶肉呈泡状凸起,与棉蚜危害很相似,但叶片背面没有蚜虫,同时其节间缩短,叶色变深,比健康株矮小,一般不死亡,往往与黄色网纹型混合出现。

以上各种类型的出现,随环境改变而不同。一般在适宜发病的条件下,特别是温室接种的情况下,多数为黄色网纹型;在大田,气温较低时,多数病苗表现紫红型或黄化型;在气候急剧变化时,如雨后迅速转晴,则较多发生青枯型。

(2)成株期　棉花现、蕾前后是枯萎病的发病盛期,症状表现也是多种类型,常见的症状是矮缩型,病株的特点是:株形矮小,主茎、果枝节间及叶柄均显著缩短弯曲;叶片深绿色,绉缩不平,较正常叶片增厚,叶缘略向下卷曲,有时中、下部个别叶片局部或全部叶脉变黄呈网纹状。有的病株症状表现于棉株的半边,另半边仍保持健康状态,维管束也半边变为褐色,故有"半边枯"之称。有的病株突然失水,全株迅速调萎,蕾铃大量脱落,整株枯死或者棉株顶端枯死,基部枝叶丛生,此症状多发生于暴雨之后,气温、地温下降而湿度较大的情况下,有的地方此时枯萎病可出现第二发病高峰。

诊断棉花枯萎病时,除了观察病株外部症状外,必要时应剖开茎秆检查维管束变色情况。感病严重植株,从茎秆到枝条甚至叶柄,内部维管束全部变色。一般情况下,枯萎病株茎秆内维管束显褐色或黑褐色条纹。调查时剖开茎秆或掰下空枝、叶柄,检查维管束是否变色,这是田间识别枯萎病的可靠方法,也是区别枯、黄萎病与红(黄)叶茎枯病,排除旱害、碱害、缺肥、蚜害、药害、植株变异等原因此起类似症状的重要依据。

2. 黄萎病危害特点　见花铃期病害。

3. 黑斑病危害特点　见苗期病害。

(四)主要病害关键防治技术

1. 枯萎病关键防治技术

(1)种植抗病品种　种植抗病品种,这是防治枯萎病和黄萎病最为经济有效的措施。实践证明,不抗病的丰产品种,在枯、黄萎病重病区往往难以显示其优越性,相反地还会因感病而减产,甚至绝收。目前,我国选育成的抗病、丰产和适应性较广的抗枯萎病品种有中植棉2号、冀958、中植棉6、冀298、冀616、中棉所63、中棉所58、鄂杂棉17、豫杂35、鲁棉研28号等,以上品种不仅抗枯萎病,而且也抗棉铃虫和黄萎病,在病区推广,可以取得良好的防治棉花主要病虫害的作用,同时,其丰产性也很好;进入90年代后期随着转基因抗虫棉的推广利用,其枯萎病的抗病性亦成为我国棉花枯萎病能否持续控制的主要问题,根据鉴定结果表明,国产抗虫棉的枯萎病抗性普遍达到抗至高抗水平。

(2)实行轮作换茬 枯萎病菌在土壤中中存活年限虽相当长,但在改种水稻的淹水情况下较易死亡。合理的轮作换茬,特别是与禾谷类作物轮作,可以显著减轻发病。研究表明,重病田经改种玉米和小麦4年后,枯萎病发病率压低到1%以下,而且消除了死苗现象。此外,油菜压青对棉花枯萎病具有一定防治作用。

(3)适时播种,净土育苗移栽 棉花过早播种,棉苗出土迟缓,易受各种病菌侵染,引起烂种、烂芽,出苗后又易遭寒流侵袭,降低棉苗抗病能力,导致苗期枯萎病的大发生。所以,适时播种也是防治枯萎病,确保全苗的一项措施。此外,采用无病土育苗移栽,也可显著减轻枯萎病的危害。在长江流域棉区育苗移栽区,可采用大苗壮苗适当迟栽,可有效地推迟枯萎病的发病期,降低发病率。

(4)清洁棉田,加强田间管理 枯、黄萎病的病株残体能传播病菌,加重危害,因而注意清洁棉田,对重病田或轻病田都有减少土壤菌源和降低危害的显著效果。此外,深翻底肥和磷、钾肥,及时排除渍水,合理灌溉等措施,都能增强棉株的抗病力,减轻枯、黄萎病的危害。

四、棉花草害

(一)主要草害种类

棉花蕾期,随着气温的升高和雨量的增多,长江流域和黄河流域棉区棉田常出现第二次出草高峰，且杂草发生量大。长江流域棉区棉田优势杂草主要有马唐、千金子、稗草、凹头苋、马齿苋、醴肠、铁苋菜、早熟禾、苘麻、空心莲子草、通泉草和香附子等；黄河流域棉区则以香附子为主，牛筋草、苍耳、刺儿菜、狗尾草、反枝苋和铁苋菜等的发生量也较大。

　　西北内陆棉区，第二次出草高峰发生在7月下旬至8月上旬，即第二次灌水后。对新疆南部棉区的调查表明，危害棉花蕾期的杂草主要有禾本科的稗草、芦苇、马唐和狗尾草，以及菊科的刺儿菜、苣荬菜、苦苣菜、蒲公英，十字花科的荠菜、独行菜，莎草科的扁秆藨草，苋科的凹头苋、反枝苋，藜科的灰绿藜。这些杂草出苗早且集中，与棉苗争夺空间和水肥，棉花受害后形成"高脚苗"而推迟发育进程。

（二）主要草害发生、分布及危害

1. 龙葵（*Solanum nigrum* L.） 属于茄科（Solanaceae）杂草，俗名野茄秧、老鸦眼子、苦葵、黑星星、黑油油。

　　（1）形态特征 植株粗壮，高30～100厘米；茎直立，多分枝，绿色或紫色；叶对生，卵形，全缘或具不规则的波状粗齿，光滑或两面均被稀疏短柔毛；叶柄长1～2厘米；短蝎尾状聚伞花序，腋外生，通常着生4～10朵花；花萼杯状，绿色，5浅裂；花冠白色，辐状，5裂，裂片卵状三角形；雄蕊5枚，生于花冠管口，花药黄色。幼苗初生

图3-25 龙葵
1. 群体 2. 果实

叶阔卵形,叶缘有混杂毛;初生叶1片,有明显羽状脉和密生短柔毛,缘也具毛。

(2)分布及危害　种子繁殖,1年生直立草本,分布于全国各地。4~6月份出苗,7~9月份现蕾、开花、结果,为秋收作物棉花、玉米、大豆、甘薯及蔬菜田和路埂常见杂草。

2. 铁苋菜(*Acalypha australis* L.)　属于大戟科(Euphorbiaceae)杂草,俗名海蚌含珠、小耳朵草。

图3-26　铁苋菜

1. 幼苗　2. 单株

(1)形态特征　茎直立,有分枝,高30~60厘米。单叶互生,卵状披针形或长卵圆形,先端渐尖,基部楔形,基部三出脉,叶缘有钝齿,茎与叶上均被柔毛。穗状花序腋生;花单性,雌雄同序;雌花位于花序下部,花萼3裂,子房球形,有毛,花柱3裂,雄蕊8枚。幼苗子叶圆形,先端微凹,无毛;初生叶2片,对生,卵形,叶缘锯齿状。

(2)分布及危害　一年生草本,种子繁殖。除新疆外,分布遍及全国,在黄河流域及其以南各省区发生危害普遍。苗期4~5月份,花期7~8月份,果期8~10月份。为秋熟旱作物田主要杂草,在棉花、甘薯、玉米、大豆及蔬菜田危害较重,局部地区成为棉花、玉米及蔬菜田优势种群。

3. 苘麻(*Abutilon theophrasti* Medic.)　属于锦葵科(Malvaceae)杂草,俗名青麻、白麻。

(1)形态特征 茎直立,株高30～150厘米,上部有分枝,有柔毛。叶互生,圆心形,先端尖,基部心形,两面均有毛;叶柄长3～12厘米。花单生于叶腋,花梗长细长;花萼杯状,5裂,花瓣5,花黄色,倒卵形;心皮15～20,排列成轮状;种子肾形,有瘤状突起,灰褐色。幼苗子叶心脏形,初生叶呈阔卵形,叶缘有睫毛。

(2)分布及危害 一年生草本,种子繁殖,广布全国。4～5月出苗,花期6～8月,果期8～9月,适生于较湿润而肥沃的土壤。主要危害棉花、玉米、豆类、蔬菜等作物。

图 3-27 苘麻
1. 幼苗 2. 花、果 3. 成株

4. 香附子(*Cyperus rotundus* L.) 属于莎草科(Cyperaceae)杂草,俗名莎草、香头草、三棱草、旱三棱、回头青。

(1)形态特征 具长匍匐根状茎和块根,秆三棱形,直立散生,高20～95厘米;叶基生,比秆短;鞘棕色,老时常裂成纤维状;长侧枝聚伞花序简单或复出,有3～6个开展的辐射枝,叶状苞片3～5,辐射枝末端穗状花序有小穗3～10,小穗线形,长1～3厘米,具花10～30朵,小穗轴有白色透明宽翅,鳞片卵形。幼苗第一片真叶线状披针形,横剖面呈"V"字形;根状茎细长,有褐色块茎;鞘棕色,常裂成纤维状。

(2)分布及危害 块茎和种子繁殖,多以块茎繁殖,块茎的生命力顽强,多年生草本。4月份发芽出苗,6～7月份抽穗开花,8～

图 3-28　香附子
1. 幼苗　2. 花、果　3. 成株

10 月份结子、成熟。主要分布于中南、华东、西南热带和亚热带地区,河北、山西、陕西、甘肃等地也有。秋熟旱作物,如棉花、大豆、甘薯田等苗期大量发生,严重影响作物的前期生长发育,也是果、桑、茶园的主要杂草。

(三)关键防治技术

1. 农业防治

(1)秸秆还田　在黄淮流域和长江流域棉区的 6 月中下旬,不管是地膜覆盖棉田还是露地直播或移栽棉田,播种或移栽时喷施的土壤处理除草剂的药效已近尾声,而此时棉花还未封行,杂草的第二次萌发出土高峰期即将开始。这时在棉田施肥、培土、封垄后,向棉行两侧覆盖 30～50 厘米宽、5～10 厘米厚的麦糠或麦秸秆,便可控制杂草危害不再发生。随着杂交棉单行宽行稀植栽培管理措施的普及,架子车或拖拉机可把麦糠或麦秸秆拉到棉田铺盖,很容易操作。另外,在棉花枯、黄萎病重灾区,这项措施还可大量增加土壤中拮抗菌数量,对枯黄萎病防效显著,而且还可起到保墒、灭草、施肥和改良土壤的作用。

(2)中耕　中耕除草和人工除草也是这一时期重要的杂草防除措施。

2. 化学防治　部分棉田,前期未能及时使用除草剂或除草效果不好时,在棉花生长中后期遇雨季杂草大量发生,生产上应及时使用灭生性除草剂进行定向喷雾(表 3-9)。

表 3-9 棉花蕾期杂草的化学防治

通用名	商品名	类 型	防除对象	使用剂量	施药适期和使用要点
草甘膦	农达	有机磷类	一年生及多年生禾本科杂草、阔叶杂草和莎草科杂草	防除一年生杂草在杂草 4～5 叶期施药,10％草甘膦水剂 6000～7500 毫升/公顷,或 41％农达 1800～1950 毫升/公顷;防除一年生杂草在成株期施药,10％草甘膦水剂 9000～12000 毫升/公顷或 41％农达 2250～3300 毫升/公顷;防除多年生杂草,10％草甘膦水剂 12000～22500 毫升/公顷或 41％农达 4500～6000 毫升/公顷	加水 300～450 升,在棉花行间对杂草进行低位定向喷雾。有条件的情况下,在喷头上加装定向防护罩,并使药液与棉株保持一定距离,严防药液喷到棉株上造成药害。用扇形喷头比圆形喷头安全。在药液中加入少量表面活性剂(洗衣粉、柴油等)有明显的增效作用。施药 4 小时后下雨不影响药效

续表 3-9

通用名	商品名	类　型	防除对象	使用剂量	施药适期和使用要点
百草枯	克芜踪	联吡啶类	禾本科杂草、阔叶杂草和莎草科杂草	20％水剂3000～4500毫升/公顷	应在棉花现蕾后、株高达50厘米以上时施药,若棉苗幼小时施药易沾染药液而产生药害。克芜踪的杀草作用比草甘膦快,施药后几小时即可见效,光照越强,作用越快,除草效果也不受湿度的影响。药液一经接触土壤即被吸附钝化,不会对作物产生药害。若有少量药液雾滴飘移到棉株中下部的茎叶上,会产生小枯斑点,对棉花生长没有多大影响

第四章　花铃期主要病虫草害防治

一、棉花生长特点

从开花到吐絮称为花铃期,一般从 7 月上中旬至 8 月底、9 月上旬,约历时 50～60 天。花铃期是棉花一生中生长发育最旺盛的时期,也是各种矛盾表现最集中,最激烈的时期。棉花本身生长发育的几个转折点,即由营养生长占优势,转入营养生长与生殖生长同时并进,再转入以生殖生长占优势,都集中在这段时间内;棉株的狂长和早衰,蕾铃的脱落,气候上的旱涝变化,主要病虫害也多发生在这段时间内。所以,棉花花铃期是夺取棉花优质高产的最关键时期。

花铃期是棉花的根系平稳发展,吸收能力达到高峰的时期。进入花铃期,随着棉株的生殖生长逐渐占优势,棉株的根系生长逐渐缓慢,主根日增长量只有 0.5～1.0 厘米．盛铃后根系大量滋生,形成吸收矿物营养和水分的高峰期,随着结铃量的增加,地上部运往根系的有机营养逐渐减少,发根能力也随之下降。

棉花开花初期主茎生长最快,果枝增加最多,叶面积和干物质的积累也最多．棉株在开花后的半个月内,主茎的增长量占全生长期棉株高度的 3/1 以上;每 2～3 天可出现一个果枝;初花期的叶面积比蕾期大 3 倍,到开花结铃盛期,叶面积达到全生育期的最大值。

花铃期的营养生长和生殖生长都很旺盛,需水,需肥最多。该期棉株吸收氮,磷,钾的数量占总吸收量的 50％左右。水量占总耗水量的 45％～65％,每 24 小时每 667 平方米耗水量达 2 500～

3 000升,最多可达3 000升。

棉花花铃期是形成产量的关键时期,此期棉株自身的补偿能力已经变弱,盛花期结铃旺盛,营养生长和生殖生长、个体和群体协调发展,蕾铃损失量的多少与产量的高低密切相关。病虫害防治的好坏,对产量影响很大。这时抗虫棉对棉铃虫的控制作用有所降低,应加强虫情测报,适时进行化学防治。

二、棉花害虫

(一)主要害虫种类

棉花进入花铃期,很多钻蛀类害虫也迁入棉田大量发生,此期棉田主要害虫有四代棉铃虫、伏蚜、棉叶螨、棉蓟马、烟粉虱、棉叶蝉、棉盲蝽、棉二点红蜘和稻绿蝽等。

(二)主要害虫发生规律、危害特点及防治

1. 棉铃虫

(1)发生特点与危害 在花铃期棉铃虫幼虫钻入花中取食花粉和花柱或从子房基部蛀入危害,被害花一般不能结铃。在铃期幼虫从青铃基部蛀入,往往蛀食一空,留下铃壳,有时仅取食一至数室,留下的其他各室也引起腐烂,不脱落的被害部位成为僵瓣,蕾被害状相同。

(2)防治方法

①农业防治 7月中旬中耕,可杀死一些2代蛹,减轻下代危害;棉铃虫产卵期,结合打顶尖,摘边心消灭嫩头、小叶上的棉铃虫卵;利用杨树枝把、黑光灯连成片诱蛾,可明显降低卵量。

②药剂防治 常规棉田三代棉铃虫防治指标为百株棉铃虫卵100～150粒或百株幼虫10头,抗虫棉田百株幼虫10～13头时,

图 4-1　花受害状　　　**图 4-2　棉铃受害状**

应进行化学防治。卵孵化高峰期可以喷施 2.5％抑太保、卡死克乳油 1 000 倍液；棉铃虫幼虫高峰期可以喷施丙溴磷、高氯辛、辛硫磷、菜喜等 1 000～1 500 倍液，可有效防治棉铃虫的危害。

2. 伏蚜　棉花伏蚜，也称"黄蚜"、"伏蜜"等，是指在伏天高温条件下快速增殖而形成的一类蚜虫群体。与其他时期的蚜虫相比，具有繁殖速度快、发生量大、暴发危害性大的特点，在高温干旱条件下尤为猖獗。近年来，"伏蚜难治"成了很多地方棉农颇感头疼的问题。

（1）发生规律与特点　伏蚜对温、湿度的适应范围较宽。日平均气温在 24℃～28℃，相对湿度在 55％～98％时，有利于伏蚜的繁殖和危害。时晴时雨、阴天、细雨对其发生有利，而大雨对蚜虫有明显的抑制作用。地形地貌对蚜虫迁飞影响很大，如遇障碍物易形成发生中心。棉株的营养条件对蚜虫的发生亦有影响，含氮量高则危害严重。

7月中下旬到 8 月份为棉花伏蚜发生危害盛期。当天气时阴时晴或闷热时，其繁殖速度快，可造成猖獗危害，应注意进行防治。防治方法和苗蚜的防治方法相同。施药时应注意喷匀、喷透，防治药剂应交替轮换使用。防治伏蚜一定要做到低浓度、足药液，喷匀打透,不漏棵、不漏叶,一般每 667 平方米用药液量 40～50 千克;根据虫情 7～10 天防治 1 次,连续喷药 2～3 次。为提高防治效果,延长药效,可加入适量展透或无磷洗衣粉等助剂。施药时间在上午 10 时前或下午 5 时后为宜。

(2)危害特点 棉花伏蚜在棉株上呈整株分布,每个叶片甚至茎秆、叶柄上都有。蚜虫群体密布,在叶背及嫩茎嫩梢刺吸危害并分泌黏液,造成叶片发黄、变黑,严重时造成大量落叶,甚至枯死。

(3)防治方法 当百株单叶棉伏蚜数量达到 2 000 头或卷叶株率 5％以上时,可用 20％康福多 1 500 倍或 10％吡虫啉、3％丁硫克百威、20％啶虫脒 1 000～1 500 倍液喷雾防治。

3. 棉叶螨

(1)发生危害与特点 棉叶螨一般年份有两个发生高峰,第一个高峰一般在 5 月中旬至 6 月中旬;第二个高峰一般在 7 月中下旬至 8 月中旬。这个时期正值高温干旱,有利于棉叶螨的繁殖危害。近几年棉红蜘蛛发生与危害程度日益严重,在 7、8、9 月份均有发生,以 8 月份发生最重。

(2)危害特点 花铃期棉花叶螨的成、若螨均在棉叶背面吸取汁液,叶绿素变色,一般一片叶上有叶螨 5 头以下时,叶片出现"黄斑",超过 5 头时出现"红砂"斑,个体较多时,"红斑"扩大,受害严重时叶片焦枯,最后脱落,幼苗被害严重时,造成死苗;蕾铃期受害,增加蕾铃脱落,铃重减轻,产量降低。

(3)防治方法 当棉叶螨危害的花铃期红叶率 3％～7％,可用螨克或扫螨净 1 000～1 500 倍液喷雾防治,防治效果在 95％以上。

4. 棉蓟马

(1)发生特点与危害 棉花花铃期,棉蓟马发生高峰期,此期棉田棉蓟马危害常躲在棉花花内,吸食棉花营养。一般每朵花内有蓟马 20～30 头,多的可达 40～50 头。由于蓟马虫子小,且在暗处危害,一般不宜被人们发现。棉花被害后花易脱落,造成减产。

(2)**防治方法** 可选择25%吡虫啉可湿性粉剂2 000倍液或5%啶虫脒可湿性粉剂2 500倍液、10%吡虫啉可湿性粉剂1 000倍液或20%毒·啶乳油1 500倍液。为提高防效,农药要交替轮换使用。在喷雾防治时,应全面细致,减少残留虫口。

5. 烟粉虱

(1)**发生特点与危害** 此期烟粉虱主要侵蚀棉叶,造成棉花早衰枯萎。据山东高青县反映的情况,烟粉虱已经造成该县棉花大面积死亡,估计减产在20%左右。

(2)**防治方法** 5%啶虫脒可湿性粉剂10克/667米^{2}对兑水喷雾,也可用25%噻虫嗪可湿性粉剂1 000倍液加

图4-3 花受害状

2.5%功夫菊酯乳油或2.5%溴氰菊酯1 500倍液喷雾,间隔5～7天再防治1次。植物烟碱类药剂防治粉虱效果非常好,另外如果大面积种植的话可铺避蚜膜,设置黄色粘虫板。

6. 棉叶蝉

(1)**发生特点与危害** 花铃期棉花植株生长旺盛健壮,

图4-4 烟粉虱危害状

枝叶相对茂密,棉叶蝉喜欢在叶背取食,此期棉叶蝉发生危害旺盛,吸食汁液,引起叶片向叶背卷缩。由于产卵于棉叶中,使棉叶容易折断,严重受害的棉株会引起蕾铃脱落,造成棉花产量降低。

（2）防治方法

①农事操作　此期应加强田间管理，及时整枝打叉，抗旱合理施肥，增加棉株抗逆能力，可减少一部分虫源。

②药剂防治　可用2％叶蝉散粉剂或甲萘威粉剂，每667平方米用药2千克。或选用50％马拉硫磷乳油1 000倍液，或2.5％溴氰菊酯乳油3 000倍液，或2.5％功夫乳油3 000倍液喷雾。

图4-5　绿盲蝽危害幼蕾

7. 棉盲蝽

（1）发生特点与危害　棉盲蝽对棉花的危害时间很长，从苗期一直到吐絮期，危害期长达3个月，以花铃期第3代棉盲蝽危害最为严重。此期是棉花的花、幼蕾和铃的混合时期，棉盲蝽以成、若虫对花、幼蕾和幼铃进行危害，经常聚集在花朵里吸食蜜露，受害的棉蕾出现黑点，重则全部变黑死亡脱落。

（2）防治方法

①农业防治　加强棉花栽培管理。通过合理密植，清沟排渍，合理施肥，忌施过量氮肥，及时打顶，搞好化控，降低田间湿度，防止棉花旺长和棉田荫蔽，减轻棉盲蝽的危害；棉花生长期出现多头苗时及早整枝，去丛生枝，留1～2枝壮秆，使棉株加快生长补偿损失。

②生物防治和物理防治　充分利用和保护棉盲蝽的天敌，对其进行有效的控制。同时利用棉盲蝽的趋光性，按2～3公顷一盏灯进行诱杀。

③化学防治

第一，早检查、勤检查，做到及时发现早防治，可结合防治蚜虫

兼治棉盲蝽;

第二,由于成虫具有迁飞性,大范围连片的棉田及棉花比较集中的地方,应尽量在害虫发生初期集中喷药,最好是各户联合、连片防治,以确保防治效果;

第三,棉盲蝽以傍晚或阴天的时候防治最佳,防治部位以棉株和果枝的生长点等幼嫩部位为防治重点,喷匀打透。大范围棉田从外围向中心施药。喷药时靠近地边杂草及灌木也要喷到。如采用喷药与田间熏蒸结合的方法进行防治,效果更好。由于成虫善飞,每次喷药后都有残虫,应连续多次喷药,生长快密度大的棉田和雨水多的年份更要注意管理,加强防治,每5~7天用药1次,连续防治3~4次;

第四,选择正确的农药品种,并进行交替使用。以触杀和内吸性较强的药剂混合用药效果最好。可选用的药剂有:辛硫磷、马拉硫磷、氯氰菊酯、敌百虫等。

8. 棉二点红蝽 棉二点红蝽(Dysdercus cingulatus Fabricius)属半翅目,蝽科。各大棉区均有分布,尤以长江流域棉区发生较多。

(1)形态特征 成虫体长15毫米,头、前胸、背板、腹节背面和前翅为赭红色,喙也大部红色,前翅革质中央各有1个大卵圆黑斑,触角4节,黑色,第一节基部为朱红色,各足基节外侧有弧形白纹,足各节红黑相间;若虫初孵为黄色,半天后为红色,二龄若虫背面出现黑点,两侧呈白纹,三龄出现翅芽,背面有3个红褐斑,两侧各有3个白斑,五龄体长8~10毫米,与成虫相似,颈白色;卵椭圆形,黄色,表面光滑,长1.1毫米,宽0.8毫米。

(2)发生规律 主要发生在西南和华南棉区。云南1年可发生2代,第一代5~7月份,5月下旬至6月为盛期,9~11月份是第二代严重危害时期。各期虫态都能越冬。卵在表土缝隙内常成堆越冬,若虫或成虫在土缝内、棉花枯枝落叶下越冬。6月份和9

～11月份是两个世代的严重危害时期。成虫羽化后约10天开始交配，每次交配的时间很长。交配后十多天开始产卵，卵期一般为6～7天，卵多产在土缝、植株根际、土表下和枯枝落叶下。雌虫有一定的耐饥饿特性，成虫可持续48～120小时不取食，经饥饿后的成虫次代耐饥饿力更强，而且产卵量可增加1倍以上。

（3）危害特点　初龄若虫群集于棉叶上危害，二龄若虫开始危害棉大铃。青铃受害后出现大块褐斑，棉絮变成硬块。受害大铃或刚开裂的棉铃易霉烂形成僵瓣，使棉絮僵腐，不能正常开裂，严重时干缩脱落。大龄若虫和成虫的口喙可穿过铃壳吸取棉籽汁液，使棉籽和纤维发育受阻，产量和品质下降，棉籽含油量低，发芽差。除危害棉花外还能危害木棉、锦葵，有时也危害甘蔗烟草和玉米等。

（4）防治技术　在加强田间管理的基础上，根据防治指标适时、合理采用化学防治，对其防效较好的农药有：3％敌百虫、粉剂每667平方米1.5～2.5千克，或用马拉硫磷、辛硫 磷等1 000倍液喷雾防治等。

9. 稻绿蝽

（1）发生规律及危害特点　8～10月份是发生危害高峰期。11月下旬成虫开始越冬。成虫交配多在白天，产卵成块，每块有卵40～50粒。若虫有5个龄期。初孵若虫围于卵壳，至二龄开始取食。成虫有趋光性和假死性，以成虫在杂草丛或树木茂密处越冬。卵的发育起点温度为12.2℃、若虫发育起点温度为11.6℃，有效积温为668日度。

成虫和若虫危害棉花青铃，被害部位出现小褐点，逐渐干瘪。常可传播棉铃真菌病害，使棉铃腐烂。

（2）防治技术　卵孵化后在越冬虫源集中地喷洒甲基对硫磷、丙溴磷等1 500倍液，减少越冬虫源；苗期用乙酰甲胺磷、喹硫磷等内吸性有机磷类农药药液滴心，既不伤害天敌，又可兼治首蓿盲蜻、蚜虫和红蜘蛛等害虫;用 20% 灭多威 25% 硫双威或 5.7% 百树得 1 500～2 000 倍液均匀喷雾防治。

三、棉花病害

棉花进入到花铃期后,生长势逐渐由强转弱,同时,由于棉铃的生长,各种铃病开始出现,而随着开花成铃枯萎病逐渐变轻,而黄萎病则逐渐加重。近年来,非侵染性病害—早衰日渐严重,已成为棉花高产稳产的主要限制因子。

(一)主要病害种类

在长江流域棉区主要病害有黄萎病、非侵染性病害(早衰)、各种棉花棉铃病害,黑斑病等,而黄河流域棉区主要有黄萎病、枯萎病、非侵染性病害(早衰)、各种棉花棉铃病害和黑斑病等,在以新疆为住的西北内陆棉区病害有黄萎病、非侵染性病害(早衰)、各种棉花棉铃病害等。

在我国已经发现能引起棉花棉铃病害的病菌约有 20 多种,在各主要棉区,棉铃病害病原菌的种类大体相同的。在黄河流域棉区,常见的棉铃病害病菌有:疫病菌、红腐病菌、印度炭疽病菌、炭疽病菌、角斑病菌、红粉病菌、丝核菌、焦斑病菌、链格孢菌、黑果病菌、蠕子菌、根霉菌、曲霉菌等。其发生的特点是:第一,疫病棉铃病最为普遍,在河南和河北等地,有时占棉铃病害总数的 90% 以上,其次为红腐病、印度炭疽病和炭疽病。第二,角斑病,除在个别雨水特多的年份外,在陆地棉推广品种上发生较少,但在小面积试验的海岛棉上发病相当严重。第三,除局部地区外,炭疽病棉铃病害比长江流域棉区为轻。

在长江流域棉区,常见的棉铃病害病菌有:炭疽病菌、角斑病菌、红腐病菌、花腐病菌、黑果病菌、印度炭疽病菌、根霉菌、红粉、疫病菌、链格孢菌、小叶点霉菌、青霉菌、黑子菌、斑纹病菌、曲霉菌、蠕子菌、黑斑病菌和污叶病菌等 18 种,其中以前 3 种最为主要。近年来,随着棉花栽培技术及产量的提高,棉铃病害病害的主次顺序有所变化,疫病已上升为棉铃病害的主要病害之一。但炭疽病仍属棉铃病害最主要的病害,这一特点与本棉区苗期炭疽病较重的情况一致。

(二)主要病害发生规律

1. 黄萎病 棉花黄萎病是土传、维管束系统性侵染的真菌病害。在土壤中定植的黄萎病菌,遇上适宜的温、湿度,病菌孢子萌发菌丝体,接触到棉花的根系,菌丝体即可从根毛或伤口处(虫伤、机械伤)侵入根系内部。菌丝先穿过根系的表皮细胞,在细胞间隙中生长,继而穿过细胞壁,再向木质部的导管扩展,并在导管内迅速繁殖,产生大量小孢子,这些小孢子随着输导系统的液流向上运行,依次扩散到茎、枝、叶柄、叶脉和铃柄、花轴、种子等棉株的各个部位。棉株感病枯死后,黄萎病菌在土壤中,能以腐殖质为生或在病株残体中休眠,连作棉田土壤中不断积累菌量,这是年复一年重复侵染并加重发病的主要根源。黄萎病菌在土壤里的适应性很强,当遇到干燥、高温等不利环境条件时,还能产生微菌核等休眠体以抵抗恶劣环境,所以,病菌在土中一般能存活 8～10 年,甚至更长。棉田一旦传入黄萎病菌,若不及时采取防治措施将以很快的速度蔓延危害。

棉花黄萎病的扩展蔓延迅速,病原菌的传播途径繁多。

(1)种子传播 黄萎病随棉子调引而传播,这是造成棉花黄萎病远距离传播,出现新病区的重要途径。

(2)病株残体传病 棉花黄萎病菌存在于病株的根系、茎秆、叶片、铃壳等各个部位,这些病株残体可直接落到地里或用以沤制堆肥,这也成为传播病害的重要途径。

（3）带菌土壤传病 棉花黄萎病菌能长期潜存于土壤中。同一块棉田或局部地区内的病害扩散，多半是由于病土的移动所致。

（4）流水和农业操作传病 黄萎病可借助水流扩散，雨后棉田过水或灌溉，能将病株残体和病土向四周传播，或带入无病田，造成病害蔓延。在病田从事耕作的牲畜、农机具以及人的手足等均能传带病菌，这是局部地区黄萎病扩展的原因之一。

黄萎病发病的最适温度为 25℃～28℃，低于 25℃ 或高于 30℃，发病缓慢，高于 35℃ 时，症状暂时隐蔽。一般在 6 月间，当棉苗 4、5 片真叶时开始发病，田间出现零星病株；现蕾期进入发病适宜阶段，病情迅速发展；到 7、8 月份花铃期达到发病高峰，来势迅猛，往往造成病叶大量枯落，并加重蕾铃脱落，如遇多雨年份，湿度过高而温度偏低，则黄萎病发展尤为迅速，病株率可成倍增长。近年来，在北方棉区大面积发生的落叶型黄萎病，对棉花生产造成巨大影响。在棉花生育期内，如遇连续 4 天以上的低于 25℃ 的相对低温，则黄萎病将严重发生。1993 年、2002 年、2003 年北方出现大量棉株落叶的病田，主要原因即 7～8 月份出现连续数天平均气温低于 25℃ 的相对低温，2009 年江苏盐城黄萎病大发生，也是由于 8 月的莫拉克台风带来了一段时间的低于 25℃ 的相对低温，使黄萎病落叶型菌系的大量繁殖侵染，种植不抗病品种的棉田出现大量棉株落叶的病田，使棉株在短时间内严重发病，叶片、蕾铃全部脱落成光秆，最后棉株枯死。

黄萎病菌在棉田定植以后，连作棉花年限愈长，土壤中病菌量积累愈多，病害就会愈严重。据调查，连作 2 年棉田黄萎病发病率为 4%～31.54.5%，死苗率为 4.5%；连作 3 年的棉田发病率达 36%～42%，死苗率为 4～9%；连作 4 年的棉田发病率高达 58%～71%，死苗率达 9%～12%。棉田地势低洼、排水不良，或者灌溉棉区，一般黄萎病发病较重。灌溉方式和灌水量都能影响发病，大水漫灌往往起到传播病菌的作用，并造成土壤含水量过高,不利于棉株生长而有利于病害的发展。营养失调也是促成寄主感病的诱因。氮、磷是棉花不可缺少的营养,但偏施或重施氮肥,反能助长病害的发生。

棉花不同的种或品种,对黄萎病的抗病性具有很大差异。一般海岛棉对黄萎病抗病性较强,陆地棉次之,亚洲棉较差。在陆地棉中各品种间对黄萎病的抗性差异也很显著,如:BD18、9456D、春矮早、辽棉 5 号、中植棉 2 号、冀 958 等品种抗病性较强,中棉所 12 号、冀 668、33B 属耐病品种,而 86-1 号、GK19、99B 等品种则易感病。在棉花品种对枯萎病和黄萎病的抗病性上,往往成负相关的关系,高抗枯萎病的品种一般不抗黄萎病,进入 21 世纪以后,这种负相关正在通过分子生物学技术已逐步被打破。

棉花黄萎病的发病期和棉花生育期有密切关系。苗期棉株对黄萎病具有较好的抗病性,当棉花从营养生长转入生殖生长时,其抗病性开始下降,黄萎病开始发生,特别是 7、8 月份开花结铃期发病达到高峰。棉株患病后,叶片变黄,干枯脱落,导致结铃稀少,铃重减轻,严重时使棉株叶片大量脱落,甚至全部叶片脱落,花蕾、棉铃均脱落成光秆,棉株早早枯死;轻病株造成棉花减产和品质下降。

2. 棉铃病害　我国常见的主要棉铃病害病菌,按其致病方式可分两类:一类是可以直接侵害棉铃的,有角斑病、炭疽病、疫病和黑果病等病菌;另一类属于伤口侵染的,有些甚至是半腐生性的,有红腐病、红粉病和印度炭疽病等病菌,多从伤口、铃缝或病斑下侵入而引起棉铃病害。

棉铃病害发病率的高低年际间差异较大,但发病的起止时期及发病盛期在同一地区却大体一致。据各地不同年份的系统调查,棉铃病害一般开始发生于 7 月底,8 月上旬以后迅速增加,8 月下旬(有的年份是中旬)为发病盛期,9 月上旬以后,发病率即陡降,但直到 10 月份还可以看到有零星棉铃病害发生。发病时期前后延续近 3 个月,但主要发生在 8 月上旬至 9 月上旬的 40 天中,而尤以 8 月中下旬最为重要,这个时期发病率的高低常决定当年棉铃病害的轻重。在长江流域棉区,棉铃病害一般在 8 月中旬开始发生,主要发病期在 8 月中旬至 9 月中旬,而以 8 月底到 9 月上中旬的棉铃病害损失最重,9 月下旬以后棉铃病害即减少,但延至 10 月仍有零星发病。如 1976 年在上海郊区棉铃病害发生于 8 月下旬,9 月份盛发,后期长势旺的棉田,10 月上中旬棉铃病害还有发生;1977 年棉铃病害主要发生于 8 月上旬至 9 月下旬。一般而言,长江流域棉区棉铃病害发生的起止时期及发病盛期都比黄河流域棉区稍晚,这似与雨季迟早不同有关(前者秋季阴雨常出现于 8、9 月份,而后者雨季主要集中于 7、8 月份)。

每年棉铃病害发生的早晚,往往与棉花生长发育的早晚有关。开花较早的棉田,棉铃病害开始发生时期及发病盛期都较早,棉铃病害一般比较重;开花较晚的棉田,发病时期和发病盛期都相应地后延,棉铃病害也较轻。

关于棉铃病害发生期的预测:棉铃病害是在棉株一定的生育时期发生的病害。不同的年份或不同的棉田,棉铃病害发生的早晚和轻重,常因棉株生育状况不同而异。一般棉铃病害主要发生于下部果枝,第一圆锥体的棉铃病害又占全株棉铃病害总数的一半或一半以上,发病棉铃的时期主要在开花后 30~50 天,发病高峰则在 40~50 天之间。但棉株营养生长过旺的棉田,棉铃发病时期常可提早到 20~30 天,发病部位也可上升到中部果枝。据此即可预测棉田棉铃病害的发生时期和发生程度,并决定采用药剂保护的适宜时期和重点田块。

棉花棉铃病害与 8、9 月份的降雨有密切关系,特别是在 8 月中旬至 9 月中旬的一个多月内,雨量和雨日的多少是决定全年棉铃病害轻重要重要的因素。各地的调查研究都一致说明,棉铃病害率的高低与这个时期降雨的多少成正相关。在同一地区,棉铃病害率的年际差异相当大,这主要是受降雨的影响。

降雨不仅影响到棉铃病害发生的轻重,也影响到棉铃病害发生的时期。但是,不同年份棉铃病害率的高低并不与各年降雨量的多少成直线相关,这就涉及降雨时期的问题。实践证明,降雨时期与棉铃病害发生盛期(即棉株下部果枝的棉铃成熟开裂期)相吻合的年份,棉铃病害就较重;如两个时期错开,棉铃病害就较轻。

棉铃病害病原菌的孳生及侵染棉铃,需要有一定的温度条件。棉铃疫病生长最适宜的温度为为 22℃~23.5℃,在 15℃~30℃范围内都能侵染棉铃,致病适温在 24℃~27℃之间。

常见的棉铃病害病菌,如红腐病菌、印度炭疽病菌及花腐病菌等,都是在棉铃受损伤的情况下侵染危害而造成棉铃病害的。炭疽病和疫病菌虽然可以侵染没有损伤的棉铃,但棉铃受损伤则为病菌侵染提供更为有利的条件。炭疽病菌田间接菌试验的结果表明,在同等条件下,有伤口的棉铃比没有损伤的棉铃发病提早 2~4 天,可见,棉铃受到损伤更易导致棉铃病害的发生。

(三)主要病害危害特点

1. 黄萎病　棉花黄萎病是目前危害棉花生产的重要病害之一,大多数产棉国均有发生,病原为大丽轮枝菌(*Verticillium dahliae Kleb*)。我国在 1939 年棉花黄萎病首见报道。自 20 世纪 50 年代以来,病害蔓延扩展,已发展成遍布我国各棉花生产区常年流行发生,严重危害棉花生产的首要病害。目前,该病害已遍及辽宁、河北、河南、山东、山西、陕西、北京、天津、甘肃、宁夏、新疆、云南、贵州、四川、湖北、湖南、安徽、江苏、浙江、江西和上海等 21 个省、市、自治区,尤其是黄河流域棉区,自 1993 年发现并证实落叶型菌系以后,棉花黄萎病已遍布该流域,且呈日趋加重的态势,2008~2009 年在该流域棉区继续大面积发生危害,发生面积高达 400 万~500 万公顷,损失严重。我国最主要棉花产区,新疆棉区也呈日渐严重的趋势,黄萎病已基本上覆盖了当地所有植棉地区,部分地区已严重到影响其棉花的可持续生产。

黄萎病菌能在棉花整个生长期间侵染危害。在自然条件下,黄萎病一般在播后一个月以后出现病株。由于受棉花品种抗病性、病原菌致病力及环境条件的影响,黄萎病呈现不同症状类型。

在温室和人工病圃里,2~4片真叶期的棉苗即开始发病。苗期黄萎病的症状是病叶边缘开始褪绿发软,呈失水状,叶脉间出现不规则淡黄色病斑,病斑逐渐扩大,变褐色干枯,维管束明显变色。

在自然条件下,棉花现蕾以后才逐渐发病,一般在7、8月份开花结铃期发病达到高峰。近年来,其症状呈多样化的趋势,常见的有:病株由下部叶片开始发病,逐渐向上发展,病叶边缘稍向上卷曲,叶脉间产生淡黄色不规则的斑块,叶脉附近仍保持绿色,呈掌状花斑,类似花西瓜皮状;有时叶片叶脉间出现紫红色失水萎蔫不规则的斑块,斑块逐渐扩大,变成褐色枯斑,甚至整个叶片枯焦,脱落成光秆;有时在病株的茎部或落叶的叶腋里,可发出赘芽和枝叶。黄萎病株一般并不矮缩,还能结少量棉桃,但早期发病的重病株有时也变得较矮小。在棉花铃期,在盛夏久旱后遇暴雨或大水漫灌时,田间有些病株常发生一种急性型黄萎症状,先是棉叶呈水烫样,继则突然萎垂,迅速脱落成光秆。剖开茎秆检查维管束变色情况。从茎秆到枝条甚至叶柄,内部维管束全部变色。一般情况下,黄萎病株茎秆内维管束显黄褐色条纹。

2. 棉铃疫病　棉铃疫病菌(Phytophthora boehmeriae Sawada)多危害棉株下部的成铃,发病主要在7、8月份。病斑先从棉铃基部或从铃缝开始出现,青褐色至青黑色,水浸状。起初病斑表面光亮,健部与病部界限清晰,逐渐向全铃扩展后,病斑变成中间青黑色、边缘青褐色,健部与病部界限变成模糊不清。单纯疫病危害的棉铃,发病后期在铃壳表面产生一层霜霉状物,即疫病菌的孢子囊和菌丝体。但在一般情况下,往往有大量红腐病菌伴随发生,以致原来疫病的症状被掩盖。铃疫病菌的菌丝体无色、无隔,老熟菌丝及生殖菌丝有隔。孢子囊梗无色单生或假轴状分枝。孢子囊无色,老熟后叶浅黄至深褐色,卵器球形、光滑,成熟后叶黄褐色。雄器主要为基生,也有侧生的,球形至桶形,壁薄无色。卵孢子球形,成熟时黄褐色。

3. 棉铃红腐病 棉铃红腐病是由多种镰刀菌引起的,主要病原菌是 Fusarium moniliforme Sheld. 和 Fusarium epuiseti (Corda) Sacc.。它是结铃后期常见的病害,多发生在受伤的棉铃上。当棉铃受疫病、炭疽病或角斑病的侵染后,以及受到虫伤或有自然裂缝时,最易引起棉铃红腐病。病斑没有明显的界线,常扩展到全铃,在铃表面长出一层浅红色的粉状孢子或满盖着白色的菌丝体。病铃铃壳不能开裂或只半开裂,棉瓤紧结,不吐絮,纤维干腐。病原菌的分生孢子有大小两种,大孢子镰刀形,有 3～5 隔膜;小孢子卵形或椭圆形,无隔或有一个分隔。

4. 棉铃炭疽病 炭疽病菌(*Colletotrichum gossypii Southw.*)多在 8 月中旬至 9 月下旬危害棉铃。病铃最初在铃尖附近发生暗红色小点,逐渐扩大成褐色凹陷的病斑,边缘紫红色而稍为隆起。气候潮湿时,在病斑中央可以看到红褐色的分生孢子堆。受害严重的棉铃整个溃烂或不能开裂。在苗期炭疽病严重的地方,生长后期棉铃炭疽病也往往较多。病菌可以直接侵染无损伤的棉铃。

5. 印度炭疽病 印度炭疽病菌(*Colletotrichum indicum Dastur*)侵染棉铃,开始铃壳深青色,病部与健部界限明显,与疫病危害初期相似,当病斑尚未产生孢子时两者不大容易区分。但印度炭疽病的病斑发展较慢,最后变成褐色,略凹陷,会产生灰黑色颗粒状分生孢子堆,与产生霜霉状物的疫病病斑不一样。在棉铃受疫病等病害侵染后或者有虫伤时,印度炭疽病较易发生。病原菌的分生孢子为无色,单孢,新月形;分生孢子盘上刚毛很多。苗期也可浸染子叶和幼茎,但不多见。寄主范围比棉炭疽病广泛,能侵染茄科和豆科等多种植物。

6. 黑果病　黑果病菌(Diplodia gossypina Cooke)多在结铃后期侵染棉铃。据以往资料,棉铃一般在受伤的情况下发病,病菌也可直接穿入铃壳果皮危害棉铃。受害的棉铃后来出现一层绒状黑粉,这是由分生孢子器散出来的分生孢子。通常病铃发黑,僵硬,多不开裂。分生孢子器暗褐色,球形,有乳头状孔口,可大量散出分生孢子。分生孢子椭圆形,无色,单孢,成熟后变成褐色,有一横隔,群集在铃壳表面,黑绒状。

7. 红粉病　红粉病菌[*Cephalothecium roseum* (Link) Corda]危害棉铃,症状略似红腐病。铃壳及棉瓤上满布着淡红色粉状物,粉层较红腐病厚而成块状,略带黄色,天气潮湿时成绒毛状。棉铃不能开裂,棉瓤干腐。病菌的分生孢子梗丝状,直立,顶上生出一束略带弯曲的短梗,各着生一个孢子。分生孢子倒梨形,双胞,无色。

8. 软腐病　病原菌为根霉菌(Rhizopus nigricans Ehrenberg),危害棉铃,最初出现深蓝色伤痕,有时呈现叶轮状褐色病斑,以后病斑扩大,发展成软腐状,上生灰白色毛,干枯时变成黑色。病菌的孢子囊球形,孢子囊梗灰褐色,短而丛生。

9. 曲霉病　由曲霉菌(Aspergillus spp.)引起,先在铃壳裂缝处产生黄褐色霉状物,以后变成黑褐色,将裂缝塞满,病铃不能开裂。病菌分生孢子梗无色,顶端呈球形,从球面上抽出许多小梗,梗端串生着黄褐色或黄绿色的球形分生孢子。

10. 角斑病　角斑病是由细菌[Xanthomonas malvacearum (Smith) Dowson]引起的。它是铃期病害中发生最早的一种,多在 7 月中旬至 9 月初发生。感病的棉铃开始在铃柄附近出现油渍状的绿色小点,逐渐扩大成圆形病斑,并变成黑色,中央部分下陷,有时向个病斑连起来成不规则形状的大斑。角斑病可以危害幼

图 4-7　棉铃红粉病（马奇祥　摄）　　图 4-8　棉铃软腐病（马奇祥　摄）

铃,幼铃受害后常腐烂脱落;成铃受害,一般只烂 1～2 室,但亦可引起其他病害侵入而使整个棉铃烂掉。

(四)关键防治技术

1. 黄萎病　对于棉花黄萎病这种土传维管束系统性病害,最经济有效的防治措施是综合防治措施,即采取以种植抗病高产品种为主的综合防治措施,并创造有利于棉花生长发育而不利于病菌繁殖侵染的环境条件,逐步达到减轻以至消除危害,从而提高产量的目的。

图 4-9　棉铃曲霉病（马奇祥　摄）

　　(1)种植抗(耐)病品种　生产实践证明,不抗病的丰产品种,在黄萎病重病区往往难以显示其优越性,相反地还会因感病而减产,甚至绝收。目前,我国选育成的抗病、丰产和适应性较广的抗黄萎病品种有中植棉 2 号、冀 958、中植棉 6 号、冀 298、冀 616、中棉所 63 号、中棉所 58 号、鄂杂棉 17 等;抗黄萎病品种(品系)均具有显著的抗病增产效果。

(2)实行轮作换茬 黄萎病菌在土壤中存活年限虽相当长,但在改种水稻的淹水情况下较易死亡。合理的轮作换茬,特别是与禾谷类作物轮作,可以显著减轻发病。

(3)农业措施 清洁棉田,加强田间管理,及时整枝。黄萎病的病株残体能传播病菌,加重危害,因而注意清洁棉田,对重病田或轻病田都有减少土壤菌源和降低危害的显著效果。此外,深翻底肥和磷、钾肥,及时排除渍水,合理灌溉等措施,都能增强棉株的抗病力,减轻枯、黄萎病的危害。抗虫棉由于前期抗虫性强,往往下部蕾铃均可成铃,这样会过早消耗棉株养分,降低棉花抗病性,诱发黄萎病和早衰,故最好在现蕾后,在去除叶枝(搂裤腿)时去除第一至第二果枝,同时,将下部 3 个果枝的花蕾数控制在 3 个以内,以便棉株的营养生长,同时,增强棉株的抗病性。

(4)改善土壤生态条件 棉花黄萎病原菌是一种土壤习居菌,寄主范围很广,目前已报道的寄主植物有 660 种,同时是一种维管束系统性全生育期病害,防治难度较大。既然这种病原菌长年存在于土壤,那么,我们可创造一种不利于其生长存活的生态环境。实践表明,在大量增施有机肥的情况下,土壤中的病原菌数量直线下降,而各种有益微生物大量增加,黄萎病发病率直线下降。每 667 平方米施 2 000～3 000 千克暨肥,最好为牛羊粪肥或经过堆制腐熟的玉米秸秆,磷酸二铵 15 千克,标准钾肥 10～15 千克。重施底肥,尤其是有机肥,尽可能多施。提前追肥,有机肥、磷钾肥全部底施,后期增施钾肥。

(5)生理调控 喷施叶面肥,系统化控等诱导棉株提高抗病性。从 6 月底开始,每 7～10 天喷施叶面抗病诱导剂,如威棉 1 号、99 植保、活力素等 300～500 倍液,或磷酸二氢钾等 300～500

倍液混配在喷施。在 8 月中旬以后,还应继续喷施叶面抗病诱导剂 2～3 遍,至 9 月 10 日左右。期间可以结合结合喷施化控进行,减少工作量,提高劳动效益。

采用上述措施后可有效提高抗虫棉本身的抗病性,使抗耐黄萎病品种的抗病性进一步提高到抗,甚至达到高抗水平,对产量的影响得到有效减轻,尤其在控制早期黄萎病发生,推迟该病发生时期是显著的。

2. 棉铃病害 棉铃病害是一大类病害,防治棉花棉铃病害,目前还缺乏较成熟的经验,有待继续进行研究。下列几项措施在不同程度上有助于防止棉铃病害和减少损失。

(1)药剂保护 据各地试验,在铃病发生前喷洒化学药剂,具有一定的防治效果,但在实用上还有不少需要解决的问题。如棉花铃期 8 月上旬中旬和下旬喷洒波尔多液(1∶1∶200)2～3 次,棉铃病害率仅 3.7%,而不喷药的棉铃病害率为 10.5%。在治虫较彻底的棉田,单用波尔多液、代森锌、福美双防治棉铃病害,达到 50% 以上的防治效果。另有研究表明,在 8 月上中旬在棉田土壤表面喷施聚合分子膜,以防止棉铃病原菌由于雨水喷溅而附着于棉铃,减少发病率。

虽然在试验中发现不少对棉铃病害病菌有防效的杀菌剂,但在实用上,仍然是一个需要继续进行探讨的问题。由于棉铃病害多发生在棉株生长较旺盛的丰产棉田,发病时期在 7 月底以后,这时棉田都已经封行,棉铃病害发生又主要集中在下部果枝上,而且都在多雨季节发病严重,因而用喷药的方法防止棉铃病害常遇到 3 个问题:一是因棉田枝叶茂密,用现有的喷雾器喷药,药液不易均匀地洒到下部棉铃上;二是喷洒到棉铃上的药液会被雨水冲刷而影响防治效果;三是这时在田间喷药易折断果枝,碰掉棉铃,造成人为的损失。目前,用化学药剂防治棉铃病害,在技术上还有待于改进提高,国内外正在广泛地探索其他防治途径。

　　(2)整枝摘叶,改善棉田通风透光条件　在生长茂盛的棉田整枝摘叶,使通风透光良好,降低湿度,对减少棉铃病害有一定的作用。

　　(3)抢摘棉铃病害,减少损失　在棉铃病害开始发生时,及时摘收棉株下部的病铃,在场上晒干或在室内晾干,再剥壳收花,可以减少病菌由下而上地传播和减轻受害棉铃的损失。如及时收摘棉铃病害,尚可收回60%以上的产量。如不收摘,许多轻病铃会发展成重病铃,而重病铃会落地烂掉,这样产量损失就更重。因而及早动手,抢摘病铃,尚不失为一项容易做到而见效较快的措施,这在长江流域棉区秋季雨水较多的地区经常使用。

　　(4)利用植株避病特性,培育抗病品种　利用棉株的避病性状,培育抗病品种,是一个有希望的防止棉铃病害的途径。但因环境及生育状况不同,表现不稳定。一般说来,晚熟、铃大、果枝长及果节节间长的品种棉铃病害较轻,而早熟、铃多及果枝短的品种感病较重。利用棉株避病性状的研究,在美国已注意到棉铃的苞叶与棉铃病害的关系密切。如从健康的棉铃内部仅分离到2个属能引起腐烂的真菌,但从经过表面消毒的苞叶可以分离到14个属的真菌。在保湿情况下进行试验,当接种黑果病菌后,带苞叶的棉铃发病率达82.5%,而不带苞叶的棉铃只有22%;不接菌的对照,带苞叶的棉铃发病率为28%,而不带苞叶的棉铃只有5.5%。将开花后35天的青铃经表面消毒后置于保湿箱中,只要去掉苞叶就可以不发生棉铃病害。苞叶除本身带菌外,在高湿情况下还会促使棉铃腐烂。因此,认为在多雨地区,培育一种小苞叶或无苞叶,鸡脚叶型、窄苞叶和无蜜腺等避病的棉花品种,我国也有采用鸡脚叶性状的抗虫棉品种,如标杂A1、豫棉21等,将有助于防止棉铃病害。

四、棉花草害

(一)主要草害种类

花铃期棉田杂草发生量较少,且此时棉花已经封行,新生杂草受到抑制而对棉花影响较小。长江流域棉区,主要杂草有牛筋草、马唐、铁苋菜和反枝苋;黄河流域棉区,花铃期主要杂草有牛筋草、狗尾草、马齿苋、鳢肠和藜等。

对新疆南部棉区的调查表明,在花铃期,旋花科的田旋花对棉田造成严重的危害,该草再生能力极强,缠绕在棉株上,严重时可使棉株缠连郁闭,影响棉花产量和品质,并给棉花采摘带来困难,成为棉田的主要恶性杂草。

(二)主要草害发生、分布及危害

1. 田旋花(*Convolvulus arvensis* L.) 属于旋花科(Convolvulaceae)杂草,俗名箭叶旋花。

(1)形态特征 具直根和根状茎,直根入土深,根状茎横走;茎蔓性,缠绕或匍匐生长;叶互生,具柄,叶片卵状长椭圆形或戟形;花序腋生,有花1~3朵,具细长梗,萼片5,花冠漏斗状,红色;蒴果卵状球形或圆锥形。幼苗子叶近方形,先端微凹,基部近截形;初生叶1片,长椭圆形,先端圆,基部两侧稍向外突出成距。

(2)分布及危害 多年生缠绕草本,地下茎及种子繁殖。秋季近地面处得根茎产生越冬芽,翌年出苗,花期5~8月份,果期6~9月份。分布于东北、华北、西北、四川、西藏等地,为旱作物田常见杂草。新疆棉区田旋花危害较重,已成为难除的杂草之一。

（三）关键防治技术

因为花铃期棉花已封行，棉田内荫蔽较好，棉田杂草种类和发生量均较少，所以杂草危害不大。若棉田禾本科杂草较多，可以选用精喹禾灵、高效盖草能、骠马、精稳杀得等除草剂，进行杂草茎叶喷雾处理，用药量参考表2-6；若田间阔叶杂草居多，可以选用草甘膦定向喷雾杀死杂草，喷药时选择晴朗无风的天气，药液不要溅到棉株嫩叶上。这样可至收花结束不必再进行人工除草。

图 4-10　田旋花

第五章　吐絮期主要病虫草害防治

一、棉花生长特点

棉株从开始吐絮到收花结束,称为吐絮期。在山东、河南等地一般从 8 月下旬至 9 月初开始吐絮,10 月底到 11 月上中旬收完花,历时 60～70 天。夏棉一般 9 月中旬吐絮,10 月 20 日前后拔柴,历时 30～40 天。

棉花吐絮以后,棉花自下而上逐渐衰老,光合能力下降,根系的生理活动减弱,根系的吸收能力渐趋衰退,棉株体内有机营养几乎 90％供棉铃发育,是铃重增加的关键时期。这一时期吸收氮量仅占全生育期总吸收量的 5％,磷占 14％,钾占 11％。需水量占一生中总需水量的 25％左右。棉株的生理代谢以碳素为中心,棉株体内的养分,大量地由营养器官向棉铃中输送,营养生长进一步减弱并渐趋停止。在这一阶段,上部的有效蕾继续开花结铃,已经座住的棉铃继续充实增重并陆续开放。这时除需要有足够的有机营养外,还得具备适宜的温度、湿度等外界环境条件。吐絮期棉花病虫往往成爆发性危害,因此,做好棉花病虫草害的防治工作尤为重要。因此此期加强病虫草害的防治尤为关键。

此期害虫种群数量下降,但天敌种类和数量有所回升,应协调好生物防治和化学防治的矛盾。此期是 3、4 代棉铃虫、伏蚜、蓟马和棉盲蝽的发生危害时期。一方面,此期棉株的抗性下降,棉花的补偿能力下降,要采取化学防治控制害虫的危害,另一方面又要保护自然天敌越冬。

二、棉花害虫

棉花吐絮期的抗虫性能力下降，易遭受很多害虫的危害，直接造成产量因素的减产。因此要密切观察，掌握虫情进行必要的防治。棉花吐絮期的主要害虫是4代棉铃虫、棉盲蝽和烟粉虱、棉小造桥虫等。

(一)主要害虫种类

进入吐絮期，棉田害虫大多外迁，在棉田中危害的主要是在晚熟、返青棉田或取食果实类害虫，主要有棉铃虫残虫、烟粉虱、棉小造桥虫等。

(二)主要害虫发生、危害特点及防治技术

1. 棉铃虫

(1)发生特点与危害 此期棉铃虫重点在夏棉和晚熟棉田危害，钻蛀幼铃，排泄物等影响棉花纤维的正常生长，造成减产。

(2)防治方法 棉铃虫百株低龄幼虫10头时，可进行化学防治。可用选择性农药如保辛乳油、硫丹、辛硫磷或菊酯类农药1000倍液喷雾防治，兼治其他害虫如棉盲蝽、棉粉虱等。

2. 烟粉虱

(1)发生特点与危害 吐絮期棉烟粉虱常在棉株的下半部分取食危害，吸食棉花叶片汁液，引起棉叶卷缩，严重时棉株干枯，从而导致蕾铃的脱落率增加，造成棉花减产。

(2)防治方法 吐絮期棉花很容易遭受主要害虫的危害，因此结合整枝，去除无效花蕾为改善棉田通风透光条件，减少养分消耗，利于早吐絮，防烂铃，同时减轻病虫害，在棉花生长后期应结合整枝及时去除无效花蕾。8月下旬开始抹赘芽、剪空枝、摘除秋后

长出的蕾和白露后开的花。

采用化学药剂治理，以减轻对棉花的危害；棉株上、中、下三叶平均单叶若虫量 11～15 头时可用 10％吡虫啉可湿性粉剂 2 000 倍液，8％阿维菌素（虫螨克）乳油 1 500～2 000 倍液，25％扑虱灵乳油 1 000～1 500 倍液，6％绿浪（烟百素）乳油 1 000 倍液，针对叶背面接触虫体喷雾。

3. 棉小造桥虫

（1）发生特点与危害　吐絮期的小造桥虫主要针对夏播棉或晚熟品种进行危害。幼虫咬食嫩叶叶肉，残留表皮，长大些则把叶食成孔洞或缺刻。大龄幼虫食叶仅留叶脉，还能取食植株的其他幼嫩部位。幼虫老熟后在植株上缀叶化蛹。1 年中以 6～8 月份发生重，雨多危害严重。

（2）防治方法　棉小造桥虫为突发性害虫，始发期在 8 月中下旬份，危害盛期在 9 月。以上害虫应及时检查，抓住孵化盛期进行防治，当百株头数 100 头时，应立即化学药剂防治。

4. 棉红铃虫

（1）发生特点与危害　吐絮期的棉红铃虫主要针对夏播棉或晚熟品种的青桃或棉絮内进行危害。幼虫钻蛀棉桃或吐絮的棉种，严重受害青桃脱落，棉絮残脏，影响棉花质量。对晚熟的青枝绿叶棉花，棉能取食植株的其他幼嫩部位。幼虫老熟后在植株上棉絮内或种子或大桃内化蛹。

（2）防治方法　此期的棉红铃虫应及时检查，抓住时期进行防治，多采用化学防治。可用 2.5％溴氰菊酯每 667 平方米 30～40毫升，或 20％的速灭杀丁每 667 平方米 35～50 毫升或 40％辛硫磷 35～50 毫升喷雾防治。

三、棉花病害

棉花进入到吐絮和收获期后，生长势已日渐衰弱，由于棉絮开始吐出，各种腐生性铃病日渐增加，尤其是遇到秋雨连绵的年份，不仅棉铃被害，同时，棉絮也会由于各种腐生性铃病的侵入而品质变劣；而黄萎病随着气温的下降也在加重，达到发病高峰，非侵染性病害—早衰日渐严重，严重影响秋桃的生长和棉花产量。

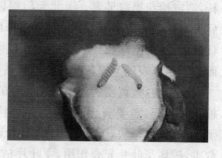

图 5-1　棉红铃虫幼虫在棉絮上（马奇祥　摄）

（一）主要病害种类

在长江流域棉区主要病害有黄萎病、非侵染性病害（早衰）、各种棉花棉铃病害，棉叶黑斑病等，而黄河流域棉区主要有黄萎病、非侵染性病害（早衰）、各种腐生性棉铃病害和棉叶黑斑病等，在以新疆为主的西北内陆棉区病害有黄萎病、非侵染性病害（早衰）和棉叶黑斑病等。这个生育期在黄河流域棉区，棉铃病害病菌有：红腐病菌、红粉病菌、丝核菌、焦斑病菌、链格孢菌、黑果病菌、蠕子菌、根霉菌和曲霉菌等。

（二）主要病害发生规律

棉花非侵染性病害，俗称棉花早衰，是非侵染性的生理性病害，具有发病迅速、发病面广、难以防控的特点。

高温、低温及高低温交替易引发早衰。2004 年新疆奎屯垦区的 8 月 4 日至 15 日，气温连续 10 天低于 19 ℃，最低温度只有

8.4℃。棉花叶片先是发红发紫,随后枯萎脱落,不能进行正常的光合作用,从而影响棉花植株正常的生长发育,形成棉花大面积早衰,减产30%～40%。2006年8～9月份持续高温,日平均温度达27℃～32℃,最高温度42℃,过高的温度影响棉花的授粉受精,对座伏桃不利。相当一部分坐桃较多的棉田都在此段时间落叶垮秆,造成棉花提前早衰。湖北天门棉区2005年8月14～15日雨后天晴始见棉花早衰症状,部分棉株叶片萎蔫青枯;8月20～23日暴雨,温度剧降,24日天气陡晴,温度急剧变化导致棉花早衰大面积发生。表现为棉花叶片变黑焦枯、脱落,棉株死亡。

以枯萎病、黄萎病为主棉花病害的侵入也可以诱发早衰发生。棉花枯萎病、黄萎病造成根、茎、叶柄导管变色,水分 养分输送受阻,叶片黄色斑块,干枯脱落,引起早衰。棉蚜、棉叶螨、盲蝽象的危害,破坏了叶片光合作用,使叶片枯黄脱落,也会诱发棉田早衰。

多年连续重茬种植棉花,导致轮作困难,尤其地势低、排水不良的地块,使棉花根系发育不良,抗生菌数量少,病菌积累严重,从而导致早衰。

随着机械化程度的提高和化学肥料的广泛使用,改变了土壤物理性状。重施化学肥料,忽视有机肥,特别是重氮肥,轻磷肥,不施农家肥、钾肥和微肥,土壤缺乏锌、铁、铜、锰、硼等微量元素,导致土壤营养严重失衡,土地后劲不足,使棉株营养供应不均衡,棉株抗逆性差,抗灾能力明显下降而出现早衰。另外,施肥方法采取"一炮轰"或只在头水前施肥,二水前不施或少施,造成棉花后期脱肥,同样会诱发棉花的早衰。

棉花虽为耐旱作物,但在苗期棉田墒情不够的情况下,根系入土浅,须根分布少,而到棉花现蕾、开花、结铃以后,营养生长与生殖生长并进,一旦有足够的水分棉花就会迅速生长,甚至旺长,结蕾铃过多,致使棉株自身营养失调,植株抗性降低,而这一时期又正是黄枯萎病高发期,很容易发生早衰。前期、中期化控较轻,田间过于荫蔽,棉花下部叶片受光少,制造的养分少,无法满足下部蕾铃和根系的需要,使得根系因营养不良,过早老化,造成棉花早衰。棉花后期化控太重,上部节间过于紧缩,叶片小而平展,中、下部通风透光差,易造成棉花早衰。自实施地膜覆盖栽培技术以来,有效地利用了地膜的增温保墒作用,逐渐实现了作物出早苗、壮苗、保全苗,增产作用非常明显,并且经济效益十分可观。但随着地膜覆盖种植年限的延长,土壤中残留了大量的地膜,据调查:地膜覆盖种植 3～5 年,残留地膜 120～135 千克/公顷;8～10 年残留地膜 180～200 千克/公顷,13 年以上残留 330～380 千克/公顷。最严重的达 450 千克/公顷左右。土壤中残留地膜对农业生产造成了严重影响,据测算:种植 8 年以上的条田,棉花减产7%～17%。种植 15 年以上的棉田,棉花减产达 14%～21%。随着地膜种植棉花越来越长,棉田内残膜量也日益增多,从而严重影响着棉花根系的下扎。由于根系下扎浅,棉花吸收养分能力也大大削弱,根系生长慢并且病害严重,前期坐桃较早、较多,棉花得不到足够的营养,导致后期营养供应不上而发生早衰。

(三)主要病害危害特点

棉花早衰是指正常生长的棉花,在开花结铃盛期,提前进入衰老的现象,是一种典型的非侵染性病害。棉株叶片自下而上,开始黄化失绿,叶片正常的光合作用功能急遽衰退并丧失,从而导致棉花出现严重的落花落蕾,有铃无叶,光秆无秋桃,后期成铃不能正常吐絮。早衰棉花其外部表现为:植株矮小,提前衰老、枯萎、蕾、铃脱落严重,僵瓣、干铃增加,果枝果节少,封顶早,生长无后劲,上部空果枝多,提前吐絮。经调查,早衰棉田的果枝比正常棉田少40%,总铃数比正常棉花少 30%以上。早衰棉花桃小,衣分低,且成熟度,棉纤维长度、麦克隆值、纤维强度等指标下降。

生产上棉花早衰发病迅速,来势猛。发病面积大,不存在从发病中心向四周侵染传播的发病过程。损失重,往往是在丰收在望的预期下导致巨大的损失。据调查,在长江棉区早衰棉田与正常棉田相比,单株成铃平均减少 4.5 个,铃重下降 0.61~1.65 克,衣分降低约 0.7 个百分点,产量损失 15%~30%。严重的减产幅度高达 50 %以上。

(四)关键防治技术

棉花早衰防治依然是一有待深入研究的课题,一旦发生,尚缺乏有效防治措施,应立足于早期综合防控。具体的防治方法有:

种植适宜的棉花品种,因地制宜种植抗病性好、抗逆性强、品质好、丰产性突出的棉花品种。育种单位因将抗早衰特性列入棉花育种的一重要考核指标。如中植棉 2 号、6 号、33B、冀 958、标杂 A1、天杂 10、新陆早 33、新陆早 32 等。

完善病虫害监控和防治体系,对于虫害要做到早调查、早防治,力争将危害消灭在中心株或点片发生阶段,减少农药喷洒次数,保护天敌 ,创造良好生态环境。合理轮作倒茬 ,降低土壤中的病菌 ,降低病情指数 ,使重病田得到有效改善。

坚持轮作倒茬,培肥地力,提高土壤肥力,条件尽可能轮作倒茬,尽量缩短棉花连作年限。增施有机肥,增加土壤有机质,改善土壤结构,增强土壤保水、肥能力。平衡施肥,根据棉花需肥规律,要施足底肥,增施有机肥,重施花铃肥,补施桃肥。合理使用微肥,叶面肥。化学调控培育理想株型,在化调过程中应遵循"早、轻、勤"的原则。生育期化控 5 次 ,分别在 2~3 片叶、6~7 片叶、10~11 片叶、13~14 片叶和打顶后化控,缩节胺用量可根据当时的苗情,气候等环境条件确定合理的化控对棉花的生长既有促进作用又有控制作用。可塑造理想的株型,使棉花正常稳健生长增加新叶数量,促使棉花早结铃,增强植株生长势防止棉花早衰。

第六章　收获后主要病虫草害防治

一、棉花虫害防治

棉花收货后,大部分棉田害虫以卵、幼虫、若虫或蛹等状态残存于棉田土壤、残枝枯叶、落铃等中,因此做好棉花收货后田间清理,对预防次年棉田主要病虫草害的发生与危害极为重要。棉花收获以后棉田管理:

第一,清理田园棉花上的害虫主要有红铃虫、红蜘蛛、蚜虫、蓟马、盲椿象等,一般在棉田遗留的枯枝、落叶、落铃及杂草上越冬。彻底清除枯枝、落叶、落铃,并铲除棉田四周的杂草,可有效消灭上述越冬害虫。对清除物要集中起来及时烧毁或深埋沤肥。

第二,深翻土壤棉铃虫、地老虎、斜纹夜蛾、造桥虫等在土壤中越冬,可实施翻土杀灭。翻土还可增加土壤通透性,加速土壤熟化,提高土壤的供肥能力。翻土深度以 30～40 厘米为宜,把表土翻到下面,底土翻到上面,翻起的大土块可不打碎,让其在冬季自然风化。

第三,灌水杀虫在翻土的基础上进行灌水,可大量杀死土壤中越冬的害虫。据试验,翻土灌水后,可使土中越冬的棉铃虫死亡率达 90％以上。灌水宜在三九天进行,要灌透,一般每 667 平方米灌水量为 80～120 立方米。黏土地多灌一些,壤土地可少灌一些。灌水方式以沟灌为宜,使水缓慢浸厢,忌大水漫灌,灌水还可增强土壤的蓄水保墒能力。

二、棉花病害防治

棉花收获后的病害主要有附着于棉絮的各种腐生性病原菌，包括真菌和细菌，以及一些可以侵入种子内部的枯萎病和黄萎病菌等。

对于这类病原菌关键防治技术主要包括下列措施。

1. 及时收摘吐絮棉花，防止各种病原菌的污染 在棉花吐絮后，由于时不时会有秋雨，棉田各种落花落叶很多，容易滋生各种腐生性病原菌，尤其是在秋雨比较多，湿度大的年份，只有及时收摘吐絮棉花，才可以减少被其污染的机会，减少收获后棉籽带菌率。

2. 及时晾晒收获棉花，杀灭附着在种子和棉絮上的各种病原菌 在初秋时节，阳光还是比较强的，对各种病原菌具有很好的消毒效果，及时晾晒收获棉花，可以有效地减少收获后棉籽带菌率。

3. 及时轧花，并晾晒收获棉籽 可以有效地减少收获后各种病害的病原菌，减少其相互污染棉絮和棉籽的几率，并促使棉籽的后熟，增强其抗病性。

4. 采用硫酸脱绒和种衣剂包衣 可以杀死短绒上携带的各种病原菌，防止病原菌的污染和保证下年棉苗生长。

第七章　棉田天敌

使用化学农药防治害虫是植物保护中常用的方法,但化学农药的大量重复使用也带来了一些严重问题,如害虫抗药性增强,病虫害爆发的频率增加,次要害虫上升为主要害虫,农药在农产品中残留及对生态环境的污染与破坏等,这些问题在我国近十多年来的棉花害虫防治中表现得尤为突出。作物害虫的天敌及有益昆虫的利用是新发展起来的重要植保手段,在"预防为主,综合防治"的植物保护方针中,其中心内容就是最大限度地保护和利用害虫的自然天敌,抑制害虫田间种群数量的发展。通过保护害虫的天敌或人工繁殖害虫天敌进行田间释放,可起到直接降低害虫种群数量的作用,能替代化学农药或减少其使用次数与用量。通过保护释放益虫防治农作物害虫,既可保障农作物的安全生长,又能减少环境污染,提高农产品的质量(有机棉田不施农药),同时减轻劳动强度,明显提高农业的经济效益。

一、七星瓢虫

七星瓢虫(Coccinella septempunctata Linnaeus)俗称花大姐,广泛分布全国各地,尤以黄河流域棉区发生数量大,主要取食各种蚜虫,如棉蚜、麦蚜、豆蚜、玉米蚜和菜缢管蚜等。

(一)识别特点

成虫呈半球形,体型在瓢虫种类中较大,额与复眼相连的边缘上各有一圆形淡黄色斑。成虫前胸背板黑色,两前角上各有1个近于四边形黄白斑,小盾片为三角形,黑色。鞘翅橘黄色至橘红色,上有 7 个黑斑点,其中 1 个斑点在小盾片下方,被鞘翅缝分成两半。初羽化的成虫,鞘翅浅黄色,黑斑不显,逐渐黑斑清晰,鞘翅颜色加深。幼虫 1、4 节背侧刺疣和侧下刺疣颜色随虫龄逐渐显现为橘黄色斑,其余黑色;卵成堆竖立在棉叶背面,橙黄色。

图 7-1　七星瓢虫成虫(左)、卵(中)、幼虫(右)

(二)发生规律

七星瓢虫 1 年可发生 4～5 代,以成虫在土块下、小麦根茎间缝隙内、枯枝落叶间、树洞内、石块下、井房、棚屋内越冬。有长距离迁飞习性。该虫在 6 月上中旬,对苗蚜控制作用强,4～5 月份完成 1 代需 1 个月左右。22℃下饲养,全世代历期 25.5 天。成虫具有假死性和避光性,羽化后 2～7 天开始交配,交配后 2～5 天产卵,一生平均产卵量 535 粒。成、幼虫均具有互相残杀的习性。成虫日食蚜量平均 105～150 头;此期若田间瓢蚜比在 1∶200 以内,一般可不必专门施药治蚜,1 周左右蚜害即可自行控制。

(三)保护利用

第一,麦棉间套作、棉花油菜间作,利用早春麦蚜增殖七星瓢虫。

第二,麦田施用抗蚜威、毙蚜丁、伏杀磷、灭幼脲Ⅰ号、灭幼脲Ⅲ号,防治麦蚜和麦田黏虫,减少对七星瓢虫的杀伤。

第三,放宽麦田害虫防治指标,保留一定麦蚜饲养天敌。棉蚜是棉田多种天敌的最好食料和寄主,在经济危害损失允许的前提下,前期棉田内保留适当的棉蚜,有利于维持田间天敌与多种害虫的动态平衡。

第四,棉田苗期治蚜采用甲胺磷拌种,呋喃丹种衣剂包衣,内吸磷、稻棉磷、久效磷、涕灭威颗粒剂随种播施,或者以氧化乐果、对硫磷、甲胺磷等内吸性杀虫性,按药剂:羊毛脂:水=1:0.1:7的比例配成涂茎剂进行涂茎。

第五,对点片发生的苗期叶螨以硫悬浮剂、三氯杀螨醇等进行点片挑治,严格禁止苗期喷施广谱性杀虫剂,以保护七星瓢虫等苗期天敌。

第六,用脸盆等于5月下旬在麦田拍打麦秆,捕接瓢虫,人工助迁放到平作棉田控制蚜害。

二、龟纹瓢虫

龟纹瓢虫[Propylaea japonica(Thunberg)]主要取食棉蚜,也取食麦蚜、玉米蚜、菜蚜及棉铃虫卵、幼虫等。广泛分布于南北各棉区。

(一)识别特点

成虫体型中型,鞘翅黄白、黄色或略带红色,具龟纹状黑色斑纹,鞘翅缝黑色,在距鞘缝基部1/3、2/3、及5/6处各有方形和齿形黑斑的外伸部分,鞘翅肩部具斜置的长形黑斑,中部有斜置的方斑,也有黑色或橙黄色鞘翅无斑纹,斑纹变化大,有的仅有中央纵纹和2个或4个小黑点。幼虫前胸背板前缘和侧缘白色,中、后胸中部有橙黄色斑,侧下刺疣橙黄色,腹部第4腹节侧刺疣和侧下刺疣随幼虫成长由灰白到黄白色到橙黄色,第2、3、5、6、7腹节侧下刺疣为黄白色;卵多成块直立在棉叶背面,初产卵乳白色,后变为黄色,又变为橙黄色,近孵化时黑色。

图 7-2　龟纹瓢虫成虫(左)、卵(中)、幼虫(右)

(二)发生规律

龟纹瓢虫每年发生 7~8 代,以成虫群集在土壤、石块缝穴内越冬,翌年 3 月开始活动,凡是早春有蚜虫的地方均是它的活动场所。繁殖 1 代后于 5 月上中旬迁入棉田,10 月以后迁到秋作和蔬菜田,11 月下旬开始越冬。在棉田一年有 3 个数量高峰,以 7 月份的种群数量最大,利用价值最高,对伏蚜及其他中后期害虫的控制作用强,与七星瓢虫正好互补。成、幼虫的日食蚜量分别在60~100 头、80~120 头左右,对棉铃虫卵和一龄幼虫的日捕食量分别为 41 粒、54 头。最大特点是耐高温,发生世代多,繁殖率高,整个生长期均有较大发生,食性不太专一。

(三)保护利用

第一,在小麦和油菜上发生的麦蚜、麦蜘蛛和菜蚜数量在经济允许水平时,暂不要实施化学农药防治措施,让瓢虫逐步繁衍和扩大种群数量。当蚜、螨发生数量较大时,可用生物农药、激素农药或用抗蚜威等对天敌低毒的农药予以防治,在小麦、油菜收获前20 天内,绝对不能在麦田、油菜田喷洒剧毒化学农药,确保春作物成熟前后的瓢虫种群得以繁衍壮大,并顺利地向棉田转移。

第二，在棉蚜历年发生较重的棉田，播种前提倡用吡虫啉、噻虫嗪等杀虫剂处理棉花种子，以保护棉苗在 3 叶前免遭蚜虫的严重危害。出苗 30 天后，在药效近乎丧失时，瓢虫开始向棉花上转移，捕食此后发生的蚜虫和红蜘蛛等害虫。

第三，在播种棉花或移栽棉花的同时，在棉田地头、地边点种少量春玉米，每 667 平方米平均 30～50 株，以利小麦或油菜成熟前后，棉苗尚小时，瓢虫能有一个藏身栖息之处，作为瓢虫由麦田向棉田转移的桥梁作物。

第四，棉花苗期地老虎发生危害时，采用诱集措施或者用敌百虫毒饵于傍晚措施棉田的办法诱杀，不要喷洒剧毒化学农药防治，避免严重杀伤瓢虫。

第五，在瓢虫大量进入棉田后，遇天旱不要用大水漫灌棉花，也不要过多中耕棉田，以尽可能多地保护瓢虫低龄幼虫和卵。

第六，棉花间苗定苗时，除掉的棉苗可在田间地头停放一段时间，让瓢虫的成虫、幼虫爬迁出去，或把发现的卵块放回棉田。

第七，在瓢虫密度因故下降，蚜虫急剧回升时，应该尽量选用低毒农药实施点片用药或局部防治措施，达到既控制虫害，又能尽量多地保护有益生物种群的平衡发展。可采用内吸性杀虫剂久效磷加上缓释剂聚乙烯醇涂茎，对天敌杀伤性较小的药剂如硫丹、丙溴磷、炔螨特等喷雾防治蚜虫和红蜘蛛，缓释剂的配制比例为久效磷：聚乙烯醇：水＝1：0.1：10，此后其他害虫发生而失控，不得不用化学农药防治时，

三、异色瓢虫

异色瓢虫[Leis axyridis (Pallas)]广泛分布于各棉区，捕食各种蚜虫，是仅次于七星瓢虫、龟纹瓢虫的一种主要捕食性天敌。

(一)识别特点

成虫体卵圆形,鞘翅有淡色型和深色型两种,浅色型鞘翅为橙黄色,常见的有 19 个黑斑和无斑。深色型鞘翅为黑色,上有红色斑点,较常见的为 2 斑、4 斑和 10 斑。前胸背板浅色,有 1 个"M"形黑斑,向浅色型变异时该斑缩小,仅留下 4 个或 2 个黑点。此种瓢虫斑点变化多,但在鞘翅后部,近八分之七处有一横脊隆起。幼虫腹部 1～5 节背侧矮刺橘黄色,第 1、4、5 节背中央的矮刺橘黄色;卵粒排列整齐成块,橙黄或黄色。

(二)发生规律

1 年发生 6～7 代,最后一代成虫于 11 月中旬飞进岩洞、石缝内群集越冬。翌年 3 月上旬至 4 月中旬陆续出洞飞离,越冬成虫出洞后,在有蚜虫的苕子田、蚕豆田以及木槿等植物上活动,可见到第一代卵和幼虫,5 月上旬为第一代成虫羽化盛期,这时陆续向棉田迁移。5、6 月份在棉田大量繁殖,由于食量在,对控制苗蚜危害有一定的作用。食料缺乏时,有自相残杀的习性,但也有一定的耐饥性,成虫耐饥时间为 14 天,一、二龄幼虫为 7 天。成虫羽化后,5 天左右开始交配,需交配多次才能提高孵化率。交配后,一般 5 天左右开始产卵,一头雌虫一生产卵 10～20 块,合计 300～500 粒。

(三)保护利用

见七星瓢虫和龟纹瓢虫。

四、深点食螨瓢虫

深点食螨瓢虫(Stethorus punctillum Weise)各棉区均有分

布,主要捕食棉叶螨。

(一)识别特点

成虫体长 1.3~1.4 毫米,宽 1~1.1 毫米,卵圆形,中部最宽。体黑色,口器和触角褐黄色,有时唇基亦为褐黄色。足腿节基部黑褐色,末端或端部褐黄色,胫节及跗节亦为褐黄色。后基线呈宽弧形,完整,后缘达腹板的 1/2。头、前胸背板、鞘翅及腹面具深刻点,全身密生白毛。雄性第六腹板后缘中央内凹,雌性第六腹板后缘弧形外突。

(二)发生规律

每年 6~7 月份在棉田可发现深点食螨瓢虫活动繁殖。成虫和幼虫均捕食红蜘蛛的成、若虫和卵。幼虫行动迟缓,但食量较大,老熟幼虫每分钟可吃完蜘蛛卵一粒,3 分钟可吃完成蛛一头。成虫一生能捕食红蜘蛛成、若虫和卵 152 头(粒),幼虫一生能捕食红蜘蛛卵 124 粒,成、若虫 83 头。

(三)保护利用

见七星瓢虫和龟纹瓢虫。

五、中华草蛉

中华草蛉(Chrysopa sinica Tieder)是棉田捕食性天敌中的优势种群,它在棉田不但数量多,历期长,而且成、幼虫均能捕食棉蚜、棉花叶螨、棉铃虫、红铃虫、玉米螟、盲蝽,小造桥虫、金刚钻、棉叶蝉等多种害虫,控制作用明显。广泛分布于南北各棉区。

（一）识别特点

成虫体长 9～10 毫米，前翅长 13～14 毫米，后翅长 11～12 毫米，翅脉大部分为绿色，阶脉为黑色，翅痣黄白色。体黄绿色。胸部和腹部背面纵贯一条黄色纵带，其余为绿色。越冬代虫体常变为黄色或黄灰色，并出现许多红色斑纹，枯枝烂叶下多见，翌春气温转暖后恢复成绿色。头部 4 个斑，有时两两上下相连。触角比前翅短，灰黄色，基部 2 节与头同色。个体较小。卵初产为绿色，着生在丝柄上，卵单产，卵柄较短。幼虫头部有一对倒"八"字形褐斑。

图 7-3　中华草蛉成虫（左）（马奇祥摄）、卵（中）和幼虫（右）

（二）发生规律

1 年发生 5～6 代，有明显的世代重叠现象。成虫于 11 月下旬开始在枯枝落叶内、树皮下、屋檐、墙缝等处越冬，翌年 2～3 月份开始活动，4～5 月份在小麦、苜蓿、蚕豆、油菜、豌豆、果树、林木、花卉上捕食蚜虫、叶螨及鳞翅目害虫卵与初孵幼虫，但此期以大草蛉、叶色草蛉等种群数量发展较快，中华草蛉、丽草蛉稍慢一些。第一代成虫于 5 月下旬迁入棉田，在棉田可繁殖 4～5 代。

中华草蛉在棉田一般有 4 个高峰，分别在 7 月上旬、7 月下旬、8 月中旬和 9 月上旬，在华北棉区尤以 8～9 月份的 2 个高峰为最大,对棉田中后期害虫作用较强,是典型的耐高温、后发型种类。食谱较宽,喜食蚜虫、叶螨、鳞翅目幼虫和卵。中华草蛉一生可产卵 250～800 粒,平均 744 粒,日产卵量可达 20～30 粒。捕食量随幼虫虫龄的增加而上升,整个幼期可捕食棉蚜 514 头,棉花叶螨 1 368 头,棉铃虫卵 320 粒,棉铃虫一龄幼虫 523 头、二龄幼虫 52 头,小造桥虫幼虫 339 头,金刚钻一龄幼虫 93 头、斜纹夜蛾一龄幼虫 560 头。缺乏食料时可自相残杀和残食其他天敌的卵、幼虫。

(三)保护利用

第一,提倡各种合理的间套耕作方式,提高农田生态系统的多样性。

第二,保护早春繁殖地,如菜田和麦田防治害虫选用对天敌相对安全的选择性杀虫剂、微生物制剂等。

第三,加强管理、科学施肥灌水,促进棉株早发,引诱草蛉迁入。

第四,棉田药剂防治采用种子处理、包衣、土壤处理、进行喷雾、局部施药、点心、挑治、涂茎等方法。

第五,选用选择性杀虫剂,如抑太宝、卡死克、康福多和 Bt 等微生物制剂。

第六,野外黑光灯诱集,将诱得的成虫放到棉田;或棉田播种诱集作物玉米、高粱等。

第七,人工饲养繁殖,商品化出售、释放。

六、大草蛉

大草蛉(Chrysopa septempunctata Wesmael)是多种蚜虫、多种鳞翅目害虫卵、幼虫的捕食性天敌。分布于各主产棉区。

（一）识别特点

成虫体长 13～15 毫米，前翅长 17～18 毫米，在草蛉中个体最大，故名大草蛉。头部颊与唇基两侧有 1 对黑斑，有时上下相连，有时稍分开，触角基部有 1 对黑斑，此外，触角间有时也有一个小黑斑，故其头部斑纹一般多分为四斑型和五（六）斑型。前翅的前缘横脉全部黑色。卵聚产，常数十粒产为一丛，卵柄较长。幼虫黑褐色，长 8.9 毫米左右，宽 3.2 毫米左右，头背面有三个呈"品"字形排列的大黑斑，前胸背中线两侧有 1 对不定型的大黑斑，后胸两侧的毛疣为黑色，第一、第二腹节两侧下方的毛疣为白色。

（二）发生规律

大草蛉 1 年发生 5 代。在棉田只能繁殖 4～5 代，第四代成虫除继续在棉田繁殖外，有一部分则迁往棉田外有蚜虫的寄主上繁殖越冬。以 7 月份前发生数量较多。全世代历期 29～35 天。成虫喜食棉蚜，因此在蚜虫多的场所，大草蛉的卵特别多。成虫一生产卵 909～1 472 粒，日产卵量 20～40 粒。产卵比较集中，卵多产在叶的背面，产在叶柄、蕾铃、苞叶、嫩头、枝条和茎秆上。食量相当大，一生平均要捕食棉蚜 2 201.5 头，最多达 3 296 头，最少 985 头。成虫寿命最长 40～50 天，一般 30 天左右。幼虫活动力很强，喜捕食棉蚜和多种鳞翅目昆虫

图 7-4　大草蛉成虫（左）

的卵和初孵幼虫。一生捕食棉蚜为 660.4 头，棉铃虫卵 570.9 粒，

图 7-5 卵和幼虫（马奇祥 摄）

棉红蜘蛛 461.8 头，棉铃虫一龄幼虫 375.5 头、二龄幼虫 195.8 头，小造桥虫幼虫 748.9 头。幼虫捕食量随着龄期的增长而加大。

（三）保护利用

第一，要教会棉农识别草蛉的各个虫态及其他有益生物，切勿有意无意地加以伤害。

第二，麦田及其他作物田是草蛉的虫源地，把棉花与这些作物插花种植。或间作套种，有利于优化棉田生态环境，保护天敌，同时，田间勿随意喷洒剧毒化学农药。

第三，在棉田内，针对不同害虫，严格按防治指标实施化学防治，施用对天敌杀伤轻的农药品种，或者尽量在草蛉抗药性较强的茧期或卵期用药。

第四，提倡使用生物农药和激素类农药，减少对天敌的杀伤。

第五，棉田蚜虫、棉叶螨是草蛉早期的主要食料，防治这些害虫时，提倡点片用药，有意识地残留下部分蚜、螨，为大量草蛉提供生存食料的环境。

七、叶色草蛉

叶色草蛉(Chrysopa phyllochroma Wesmael)是棉蚜、棉铃虫卵和幼虫及叶螨等棉田害虫的天敌,目前已查明是华北棉区优势种草蛉。

(一)识别特点

成虫体长 9~10 毫米,前翅长 12~13 毫米,胸腹部全为绿色。头部斑纹为 9 斑型。前翅前缘横脉上端少许为黑色,其余绿色,径横脉全部为绿色。孵散产。幼虫红棕色,体长 8.5 毫米左右,宽 2.5 毫米左右,头背部有 3 对黑纹(两侧的 1 对分叉),胸部 3 节背面各有 1 对不定型的小黑斑,腹背两侧有红棕色纵带。卵初产为绿色,着生在丝柄上,单产。

(二)发生规律

取食习性与中华草蛉相似。每年发生 4~5 代,从 5~9 月份开始收花,棉田一直保持有较高的种群数量,是耐高温的持续发生种类。食谱较宽,与中华草蛉相似,在整个棉花生长季节均能发挥其对害虫的控制作用,因而在棉田具有较高的保护利用价值。

(三)保护利用

见中华草蛉和大草蛉。

八、食蚜蝇类

棉田食蚜蝇的种类较多,主要有黑带食蚜蝇(Epistrophe balteata De Geer)、大灰食蚜蝇(Syrphus corollae Fabricius)、短刺腿

食蚜蝇(Ischiodon scutellaris Fabricirs)，四条小食蚜蝇、细腹食蚜蝇、梯斑食蚜蝇、大绿食蚜蝇、月斑食蚜蝇、印度食蚜蝇等 10 多种。各棉区均有分布，是棉蚜、麦蚜等蚜虫的专性捕食性天敌，也是优势种天敌之一。

（一）识别特点

棉田食蚜蝇成虫一般体长在 5～14 毫米之间，体表具有黄色、黑色或褐色斑纹，外观似蜂，但只有发达的膜质前翅，后翅演变为小型肉质棒状物。

图 7-6　黑带食蚜蝇成虫(左)、幼虫(中)和蛹(右)

（二）发生规律

成虫不能捕食，早春多群集在花丛中取食花蜜。飞行敏捷，常以双翅在空中平衡身体作短时间的"悬飞"而不移动。成虫将卵产于有蚜虫的寄主植物上，卵长椭圆形，表面常有不同的花纹。幼虫蛆形，前端(头部)尖，后端钝，身体具有不同色彩，从淡黄白色、翠绿至黄、黑、红相混的各种杂色。行动迟缓，以蚜虫为食，捕食时每向前移动一步，即高举头部上下左右探测一遍，然后向前移动，继续探测、移动，探得捕食对象时，即以口器钩住，举于空中左右摇摆，吸取其体液。幼虫老熟后，以尾端黏附于叶片背面，化蛹于第二次蜕皮的皮壳内，皮壳坚硬、光滑，呈球状或水瓢状。食蚜蝇由卵发育为成虫约需 18～20 天，卵期 3 天左右，幼虫期 8～10 天，蛹期7～9天,随温度高低历期缩短或延长。

每年发生4～6代,以成虫或蛹在田间隐蔽处越冬,早春3月下旬至4月上旬羽化为成虫并产卵,5月份进入棉田。在北方棉区3～5月份和9～11月份是各种食蚜蝇活动最盛的季节。这些食蚜蝇在夏季高温季节常入土化蛹,夏蛰避高温。食蚜蝇的成虫非常活泼,飞翔力强,行动敏捷,常在空中悬飞,时而停住,时而突然起飞。成虫在植物上取食花粉、花蜜作为补充营养,把卵产在蚜虫密集生存的叶片上,幼虫孵化后,活动力极弱,常就是取食、化蛹。每头幼虫一生可取食数百头乃至上千头蚜虫,因此它是自然界控制蚜虫较为有力的天敌。

在麦蚜大发的年份,麦田食蚜蝇数量很大,瓢虫等天敌一起控制着麦蚜的种群数量。在麦棉套作田,小麦黄熟后,食蚜蝇大量转入棉苗上取食棉蚜,但数量远较瓢虫、草蛉少,主要原因是食蚜蝇的卵、幼虫和蛹容易遭受其他天敌的大量捕食和寄生,到6月下旬,棉田内外食蚜蝇的种群数量受到严重影响而显著下降。

(三)保护利用

第一,麦田防治麦蚜施用康福多、硫酸烟碱、抗蚜威等对天敌杀伤作用小的药剂。

第二,防治黏虫、吸浆虫等害虫,选用灭幼脲Ⅰ号、Ⅲ号、林丹粉剂在敏感期(抽穗率70％)一次性喷粉等技术。

第三,不提倡麦田针对棉铃虫的药剂防治。

第四,苗蚜防治采用种子包衣、颗粒剂播放、浸种、点片挑治、涂茎等技术。

第五,提倡麦棉间作、棉油间作套种或插花式种植。

九、小 花 蝽

小花蝽（Orius similis Zheng）广泛分布于长江流域和黄河流域棉区。食性杂，可取食棉蚜、棉花叶螨、蓟马、叶蝉、盲蝽的小若虫以及棉铃虫、红铃虫、玉米螟、金刚钻、斜纹夜蛾、小造桥虫的卵和初孵幼虫。

（一）识别特点

初羽化时黄白色，以后深褐色，有光泽。复眼黑褐色，单眼一对，红褐色。后叶刻点较深，横皱纹状，革片淡色。前翅楔片黑色，基部为褐色，膜片白色透明，两条纵脉。若虫复眼红色，腹部第六、七、八节背面各有一个橘红色斑块，纵向排成一列。卵粒为长茄子形，初产时为白色，近孵化时显现出一对红色眼点。初孵若虫白色透明，一般4龄，少数3龄至5龄。取食后体色逐渐变为橘黄色至黄褐色，复眼鲜红色。腹部第6、7、8节背面各有一个橘红色斑块，纵向排成一列。

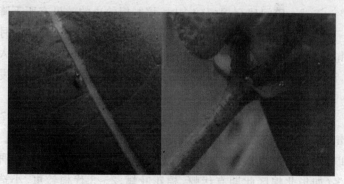

图7-7　小花蝽成虫和若虫

（二）发生规律

小花蝽1年发生8～9代。以成虫在枯枝烂叶下、杂草堆里、树缝隙等处群集体越冬。3～5月份在麦田、苜蓿、油菜、杂草、绿肥田及各种蔬菜田活动,5月下旬、6月上旬进入棉田。在棉田可繁殖5代,6月1代,7～10月4代,其中7、8月份数量最多,9月份以后渐少,10月份迁出棉田,11月上旬开始越冬。6～7月份,卵期5天,1～5龄若虫历期11天,成虫历期8～12天。取食害虫或吸食花卉蕊的汁液均可完成发育。若虫日平均取食量为:棉铃虫卵12～50粒、一龄幼虫15头,红铃虫卵10～23粒、幼虫10头,叶蝉若虫45头,叶螨50～70头,棉蚜60头。

小花蝽成虫、若虫均以刺吸式口器取食棉叶螨、蚜虫、蓟马(包括肉食性蓟马)、棉盲蝽和棉铃虫、造桥虫等鳞翅目害虫的卵和初孵幼虫,是棉田全年利用价值较高的种类之一。6～9月份,棉田主要害虫发生期间均有大量小花蝽存在,其盛发期与害虫的发生期基本吻合,因此,是中后期控制棉花害虫的重要天敌种群。在棉田较少施用化学农药的情况下,小花蝽对棉铃虫卵的捕食率高达50%～80%,田间残存棉蚜较多时,控制棉铃虫的效果有所下降。

小花蝽成虫于秋末冬初在田间杂草中和落叶下越冬,3月中下旬开始活动,4～5月份在早春作物田比较活跃,6月份进入棉田,7～10月份数量很大,11月份后,进入越冬状态,全年可发生8～9代。

小花蝽在棉田可有4～5个数量高峰,分别在6月下旬、7月中旬、7月下旬至8月上旬、8月下旬至9月上旬、9月中下旬。其中以7～8月间的2个高峰数量最大,这与蕾铃盛期棉田害虫种类较多(如华北棉区此期有伏蚜、棉花叶螨、2～3代棉铃虫、小造桥虫、红铃虫、盲蝽、卷叶螟等)是一致的。早发田、一类田,小花蝽迁入早,数量多。其天敌有草间小黑蛛等。

(三)保护利用

见七星瓢虫和龟纹瓢虫。

十、大眼蝉长蝽

大眼蝉长蝽 Geocoris pallidipennis (Costa)取食棉蚜、棉叶螨、蓟马、叶蝉、盲蝽若虫、红铃虫、棉铃虫、玉米螟、小造桥虫等鳞翅目的卵和小幼虫。

(一)识别特点

成虫体长3~3.2毫米,宽1.3~1.5毫米,全体黑褐色。前翅后缘中部有一椭圆形淡黑斑,两翅合拢呈"八"字形。头黑色,头部、前胸背板、小盾片和胸部腹板皆有刻点,头顶两侧有三角形突出,头顶两侧后方各有一红色单眼。后眼暗褐色,大而突出,稍倾斜向后方延伸,触角1、

图 7-8 大眼蝉长蝽成虫

2、3节黑色,四节褐色,嘴深褐色,腹部黑褐色。足黄褐色。

(二)发生规律

在棉田发生数量较多,其发生规律及捕食活动与姬猎蝽相似。

(三)保护利用

见七星瓢虫和龟纹瓢虫。

十一、食虫齿爪盲蝽

食虫齿爪盲蝽（黑食蚜盲蝽）（Deraeocoris puctulatus Fallen）是捕食棉蚜、麦蚜、桃蚜等各种蚜虫及螨类、飞虱等小型害虫的主要天敌，亦取食少量植物汁液，分布广泛。

（一）识别特点

成虫体长 6～7 毫米，黄褐色，体表面光亮，有黑色及深褐色斑点，被有稀疏的黑色毛。若虫初孵时淡黄色，1 小时后变为暗红色，至第五龄若虫时身体逐渐变为灰褐色，具有黑色的稀疏刚毛，翅芽伸达第三腹节后，体背面有浅褐色斑。

（二）发生规律

食虫齿爪盲蝽在华北地区一年发生 3～4 代，以成虫在杂草根部、残枝落叶下、树缝、树皮下及疏松表土层过冬。早春外出，在小麦、杂草间活动，4 月中旬产卵于植物组织内，5 月中下名出现第一条若虫。此后陆续向棉田迁移，一些年份对减轻伏蚜的发生和危害有一定作用。

（三）保护利用

保护利用自然种控制害虫。

十二、华姬猎蝽

华姬猎蝽（Nabis sinoferus Hsiao）的成虫、若虫均能捕食蚜虫、蓟马、叶蝉、盲蝽、棉铃虫、金刚钻、造桥虫等害虫的卵和低龄幼虫、若虫，对棉田早期害虫有一定的控制作用，广泛分布于各棉区。

(一)识别特点

成虫体长 7～8 毫米,宽 2～2.2 毫米,土灰色,触角第一节较长,不短于头宽。头部狭长,头顶有黑褐色花纹,复眼暗褐色,单眼红色。前胸背板前半部有褐色花纹,中央有 1 条褐色带与中胸小盾片三角形褐斑相连。雄性抱器盘部较宽大,柄部较短。卵长1.2 毫米,卵圆柱形弯曲,卵盖椭圆行,单行排列。若虫淡黄色到黄褐色。

(二)发生规律

一年可发生 5 代。以成虫在苜蓿、杂草根标及枯枝落叶下越冬,翌年 3 月开始活动,4～5 月在小麦、油菜、苜蓿、绿肥、蚕豆等植物上繁殖第一代,于 6 月上旬以成虫转移到棉田,在棉田繁殖3～4 代后又迁往秋作及各种蔬菜上生活,11 月开始越冬。棉田有3 个盛发期,分别在 6 月上中旬、7 月上旬、8 月下旬,以后在棉田的数量减少。适宜的温度为 24℃～26℃,湿度为 70％～80％。成虫平均每日取食量为:棉蚜 78 头,棉铃虫卵 34 粒、一龄幼虫 30头、二至三龄幼虫 4 头。一至五龄若虫对棉蚜的日捕食量分别为8、17、31、38 和 50 头。

姬猎蝽种类较多,棉田常见的有灰姬猎蝽(暗姬猎蝽)、华姬猎蝽、窄姬猎蝽等种类,其生活习性、发生规律等与华姬猎蝽相似。

(三)保护利用

见七星瓢虫和龟纹瓢虫。

十三、棉铃虫齿唇姬蜂

棉铃虫齿唇姬蜂(Campoletis chlorideae Uchida)在我国长江

流域棉区、黄河流域棉区均有分布。其主要寄主是棉铃虫,此外还可寄生斜纹夜蛾、玉米螟、烟草夜蛾、苜蓿夜蛾、小地老虎、黏虫及甘蓝夜蛾等鳞翅目昆虫的幼虫。

(一)识别特点

成虫通体红褐色,头、胸、足等部位有黑色斑,体长5~6毫米,雄虫腹部圆筒形,雌虫腹部侧扁。

(二)发生规律

在华北棉区1年可发生8代,即每代棉铃虫发生期发生2代,其中的1、3、5、7代成蜂高峰期与1~4代棉铃虫低龄幼虫期相吻合,是华北棉区棉铃虫幼虫寄生天敌中的唯一优势种天敌,抑制作用非常明显。产卵于棉铃虫一至三龄幼虫体内,1头雌蜂一生平均产卵148~370粒,单寄生。幼虫在寄主体内取食寄主的血液、淋巴液、脂肪体、马氏管等组织,可将寄主皮内组织吃光。被寄生的寄主幼虫取食量日益减少,活动减弱,体长逐日缩小,体色逐渐转黄

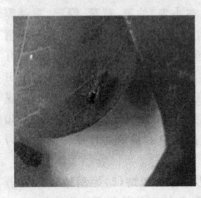

图7-9 棉铃虫齿唇姬蜂

变浅、发亮;老熟幼虫从寄主腹部咬破表皮钻出,在一旁结茧化蛹,寄主则仅剩一张皱缩的空皮壳。

寄生率依世代、年份、寄主龄期等的不同而异,黄河流域棉区常规年份对棉铃虫的寄生率平均可达20％~40％,对三龄前棉铃虫幼虫控制作用很强。

（三）保护利用

避免在该蜂的出蜂期施用广谱性杀虫剂,利用自然蜂源控制害虫,化学农药应在卵孵化高峰期前施用。齿唇姬蜂田间人工释放仍处于试验阶段,侧沟茧蜂的人工饲养、繁育技术尚未成熟,因此,自然保护仍是当前人工利用的主要途径。其技术要点有:

第一,识别两种寄生蜂的各种虫态,实施人为主动保护。

第二,在棉铃虫非大发生年份,严格按防治指标实施防治,特别是第二代,尽量推迟田间喷洒化学农药的时间。

第三,采取间作套种、插花种植等农业手段,优化农田生态环境,增强棉田生态系统对害虫的自然控制能力,亦为两种寄生蜂创造优越的生存环境。

十四、螟蛉悬茧姬蜂

螟蛉悬茧姬蜂 Charops bicolor (Szepligeti)广泛分布于南北各棉区,是棉小造桥虫幼虫的主要寄生蜂种,还可寄生鼎点金刚钻、黏虫、棉铃虫、玉米螟、稻纵卷叶螟、稻苞虫、苎麻夜蛾等害虫。

（一）识别特点

茧圆筒形,质地厚,长6毫米,宽3毫米,两端稍钝圆,灰色,除顶斑外,上下方各有一圈并列的黑色斑,茧端有丝悬于棉叶上,状似悬挂的灯笼,丝长7～23毫米。

（二）发生规律

每年7～9月份发生较多,每年发生世代不详,主要寄生在棉小造桥虫三、四龄幼虫体内,单寄生。寄主被寄生后,体色由淡绿变为淡黄,行动迟缓。老熟幼虫从寄主前胸处钻出,先吐丝固定于棉叶背面,后引丝下垂,将茧空悬,化蛹其中。寄生率有月份间差异大,7月对棉小造桥虫的寄生率一般可达3%～6%,8月份可高达15%～25%,9月份再次下降。最大的影响因子是重寄生问题。

(三)保护利用

利用自然种群控害,见棉铃虫齿唇姬蜂。

图7-10 螟铃悬茧姬蜂的茧

十五、卷叶虫绒茧蜂

卷叶虫绒茧蜂(Apanteles derogatae Watanabe)各棉区均有分布。其寄主有棉大卷叶螟和棉小卷叶螟等害虫的幼虫。

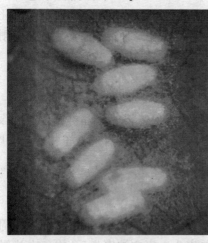

(一)识别特点

成虫体长4毫米,黑色。卵及幼虫白色。茧长4～5毫米,茧绒质淡黄色,成堆。

(二)发生规律

雌蜂寄生于棉大卷叶

图7-11 绒茧蜂的茧

虫一至二龄幼虫体内，也寄生于棉小卷叶蛾幼虫。单寄生，以7～8月份发生较多。当棉大卷叶螟一至二龄幼虫分散卷叶时，此蜂便从卷叶外向内速刺，产卵于寄主幼虫体内，动作非常敏捷。卵孵化后，幼虫取食寄主体液，直到老熟，然后钻出，在寄主体旁结成长而硬的白茧，茧的一端还堆聚着突破寄主幼虫的粪便。此蜂对棉大卷叶螟一至二龄幼虫的寄生率一般在10%左右。

(三)保护利用

保护利用自然种群控害。

十六、棉蚜茧蜂

棉蚜茧蜂(*Lysiphlebia japonicus Ashmead*)广泛分布于长江和黄河流域棉区，是棉蚜的主要内寄生蜂，此外还可寄生麦蚜、桃蚜、菜蚜等多种蚜虫。可寄生棉蚜的蚜茧蜂还有棉短疣蚜茧蜂(*Trioxys rietscheli Mackauer*)、印度三叉蚜蜂(*T. indicus Subbo Rao* et *sharma*)等，它们常混合发生。本文仅以三叉蚜茧蜂为例。

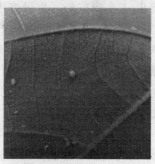

图7-12　蚜茧蜂成虫(左)、僵蚜(右)

（一）识别特点

成虫黑色，体长 1～2 毫米。茧灰色或褐色，圆形，直径 1.5～2 毫米，有光泽，散布于叶背危害处。卵白色，纺锤形，产于蚜虫腹腔内。幼虫黄白色，蛆形。

（二）发生规律

华北棉区 1 年可发生多代。10 月底到 11 月底，该蜂以蛹在棉蚜的僵尸内越冬。3 月中旬开始羽化，4 月初达羽化盛期，此时每代历期约 15～20 天，多以第三代进入棉田。在 5 月中下旬，该蜂成为棉田的优势种蚜茧蜂，占种群总量的 30％～45％左右，至 6 月下旬棉苗蚜衰退前比例可达 98.7％。每年的寄生高峰一般在 6 月上旬，对苗期棉蚜抑制作用强，寄生率可达 13％～38％左右。化蛹前在蚜虫体内结成薄茧，发育至成蜂后，从蚜虫的身体背面咬一圈孔飞出，很快雌雄交配并寻觅蚜虫产卵。

产卵时，先用触角探察出末被寄生的蚜虫，随即弯其腹，以产卵管对准蚜体迅速刺入产进 1 粒卵，1 次可连续产卵寄生 20～30 头蚜虫，1 头蚜茧蜂一生可寄生蚜虫数百头。被寄生的蚜虫多为二、三龄若蚜，成蚜极少。若蚜被寄生后，可继续发育，数日变成谷粒状硬壳，蚜茧蜂开始结茧化蛹，3～5 日后羽化出蜂。该蜂 1 年可繁殖 20 多代，以蛹在越冬蚜（主要是菜蚜）体内越冬。翌年 4 月下旬羽化的成虫迁入蚜群密度大的小麦、油菜和棉田，或在蚜虫越冬寄主上繁殖。早春完成 1 代需 10～15 天，盛夏只需 7～8 天。

蚜茧蜂在田间发生的多少，受降雨影响较大。雨日多、雨量大，不仅对蚜虫有抑制作用，同时也大量损伤蚜茧蜂的各种虫态。反之，在有利于各种蚜虫（主要是麦蚜、菜蚜和棉蚜）发生的条件下，蚜茧蜂也可以迅速发展起来。

在麦棉套种棉田，蚜茧蜂自 4 月下旬开始大量寄生麦蚜，至 5

月中下旬达到高峰,此时侵入棉苗上的棉蚜同时遭到寄生。自收麦开始,棉蚜陆续遭到捕食性天敌和蚜茧蜂的联合控制,种群数量降到低谷。此期间施药少或尚未施药的棉田寄生率高达30%～80%。但在春播单作棉田,由于前期气温低,蚜茧蜂繁殖周期长,而蚜虫繁殖快,蚜茧蜂不能发挥大的控制作用。若在棉田内间作或点种部分油菜或白菜,可以招引大量菜蚜,继而诱来大量蚜茧蜂和其他捕食性天敌,可提高蚜茧蜂对棉蚜的控制效果。

(三)保护利用

主要是在越冬寄主上棉蚜迁向棉田之前,经检查,以棉蚜被寄生的数量作为基数,参照气象预报,把春季连续降雨的天数、降雨强度作为主要参考依据。基数较大,春季降雨较少时,对蚜茧蜂发生有利。保护利用蚜茧蜂要注意以下几点:

第一,在集中产棉区适当发展油菜、小麦、蔬菜等春作物,以招引蚜虫发生,进而诱使蚜茧蜂寄生菜蚜、麦蚜等,发展壮大蚜茧蜂群体。

第二,在棉蚜进入棉田之前,春作物收获前1个月,不在春作物上用剧毒化学农药防治害虫,以保护蚜茧蜂等有益昆虫的繁殖,必要时采用生物控制害虫。

第三,在棉田必须用农药防治棉蚜时,可采用点片防治,或采用内吸性杀虫剂在棉株上实施点心、涂茎等局部施药措施,不能大面积喷雾防治,适当保留少量蚜虫,以利蚜茧蜂种群的繁殖和发展。

第四,选择适当时间用药。蚜茧蜂在僵蚜体内时,比较抗药和耐药,此时喷药杀伤蚜茧蜂较少。最好采用对天敌杀伤轻的农药或生物农药。

第五,棉花苗期发生地老虎必须防治时,可采用敌百虫毒饵或毒土药杀的办法,不能用剧毒化学农药喷雾或喷粉防治。

蚜茧蜂仅仅是棉花苗期蚜虫的天敌之一,它与其他诸多天敌(瓢虫、草蛉、食蚜蝇、捕食性螨等)共同起作用,因而,采取上述保护措施,可同时利用诸多天敌来防治棉花苗期害虫。

十七、多胚跳小蜂

多胚跳小蜂(*Litomastix* sp.)是鳞翅目幼虫(体较粗大)的寄生性天敌。广泛分布于南北各棉区。

(一)识别特点

成虫体长约 1.07~1.15 毫米。雌蜂体黑色,头部、中胸背板、小盾片上着生黄褐色毛,头、三角片、小盾片及中胸侧板微带紫色光泽。触角 9 节,柄节和梗节黑褐色,其他均为褐色。各足基节、腿节(除端部外)黑褐色,中足胫节末端有 1 个大的距,由于中足较粗长,故适于跳跃。翅透明,翅脉褐色。腹部黑褐色,末端毛较多。

(二)发生规律

多胚跳小蜂具有多胚生殖性,它产的卵在寄主内能进行胚子分裂,由 1 个卵发育成两个或两个以上的个体,多的可分裂成 2 000 多个后代。多胚跳小蜂所寄生的夜蛾幼虫,整个体内都充满了多胚跳小蜂幼虫,寄主死后变成黄褐、膨胀、干硬的尸体。幼虫在寄主体内化蛹羽化,然后咬破寄主皮壳飞出。

(三)保护利用

保护、利用自然种群控害。

十八、草间小黑蛛

草间小黑蛛 *Erigonidium guaminicolum*（*Sundevall*）又名赤甲黢腹微蛛或"小黑蛛"。广泛分布于南北各棉区。可取食棉蚜、叶螨、蓟马、叶蝉及各种鳞翅目害虫卵和初孵幼虫。

（一）识别特点

雄蛛头胸部赤褐色，步足黄褐色。腹部灰褐色至黑褐色，密生细毛，有的腹背中央有细白纵纹一条和多条斜横纹。螯肢基节外侧有颗粒状突起，形成摩擦脊，内侧中部有一大齿，齿端有一长毛。触肢膝节末端下方有一个三角形突片。雌蛛头胸部长卵圆形扁平，无隆起，略有光泽，背部赤褐色，颈沟、放射沟、中窝等处色泽较深，胸部腹板赤褐色，步足黄橙色。螯肢基节外侧无颗粒状突起，背中央有四个红棕色凹斑，背中线的两侧有时可见灰色斑纹。

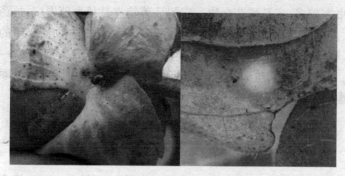

图 7-13　小黑蛛成虫及卵囊

（二）发生规律

每年可发生 4～5 代。以成、幼蛛在麦田、绿肥田、蔬菜田及田边土缝内越冬,翌年3月上中旬在早春作物上始见,5月中下旬迁入棉田,6～9月份在棉田一直保持较高的种群数量。棉花苗期草间小黑蛛多在叶背或嫩头内活动,蕾、铃期多在蕾内、铃基苞叶内及嫩尖上,这些场所易获得食料。雌蛛平均每天捕食棉蚜28～80头、一、二龄棉铃虫幼虫9～12头、一、二龄小造桥虫幼虫5～9头、棉铃虫卵9粒。

草间小黑蛛从棉花苗期到吐絮期一直在棉田有较高的数量,全年有4个发生高峰期,分别在6月中下旬至7月中下旬、8月中下旬、9月中下旬和10月上中旬。具有抗药性强、繁殖快等特点。

(三)保护利用

草间小黑蛛从棉花苗期到吐絮期保持着很高的种群数量。棉花长势好,农事操作得当和使用化学农药少的棉田内数量更大。在棉花现蕾前,草间小黑蛛多定居于叶背或嫩尖内活动和捕食,现蕾以后,多定居于蕾、铃、苞叶内及嫩尖上,因这些场所宜于躲藏,害虫亦较多,容易捕获食物。它的显著特点是捕食范围广、抗药力强、发生早、繁殖快,而且种群数量不受某一种寄主数量变动的影响,利用价值较大。在棉田多发生在6～9月份,日食蚜量12～25头。保护早春繁殖地及麦田,以保护利用之:麦收时留高茬;顺沟渗灌,避免大面积漫灌,有利于草间小黑蛛的存活和繁殖。

十九、三突花蟹蛛

三突花蟹蛛 *Misumenopos tricuspidata*（*Fahricius*）捕食棉铃虫、小造桥虫、金刚钻、玉米螟等鳞翅目的幼虫和成虫,还捕食花上的蝇类等。其体型和行动颇似螃蟹,身体颜色变化较大,有绿、灰白、黄绿等色,雌蛛的头胸部一般为绿色。棉田内6～9月份发生量较大,日食量11～26头。

(一)识别特点

雌蛛体宽扁,其体形和动作与蟹相似。体色随环境变化很大,多鲜艳美丽,有绿、白、黄等色。雌、雄的体色及斑纹也不相同。雌蛛体长4.6~6毫米,头胸部绿色,腹部呈梨形,前狭后宽,腹背常有红棕色斑纹,近末端有褐色"V"形斑纹,外雌器圆环形。雄蛛体长3~5毫米,红褐色,雄蛛头胸部两侧各有一条深棕色带,交配器似一小圆镜,其基部一侧的边缘有三个突起,因此称为三突花蛛。腹部与雌蛛相似,但较小。初孵幼蛛体白色,单眼黑色,20~30天后体变翠绿色,单眼变红至褐色。

图7-14　三突花蟹蛛黄色型(左)、绿色型(右)

(二)发生规律

三突花蟹蛛是棉田中、后期常见的游猎性蜘蛛,捕食量较大,捕食对象主要是棉铃虫、小造桥虫等鳞翅目害虫的幼虫和一些蝇、蚊、小型蛾、蝶类。它是棉田中后期常见的游猎性蜘蛛。成蛛于3~4月份在早春作物田里活动觅食,5月下旬在棉田开始产卵,产卵前将棉叶一侧的边缘来回吐丝折卷,固定成一扁筒状,并在卷叶内做丝质卵囊,产卵于卵囊内,产后用丝封闭,上面再覆盖一层丝膜。卵囊呈圆形或不规则形,丝质较薄,从外边透视可见卵粒。卵粒黄色稍带绿,每卵囊内有卵 60～120 粒。初孵幼蛛先群集于卵囊内一段时间,蜕第一次皮后离开卵囊分散活动,多在棉株各部位游猎。晚秋棉花收摘后,以成蛛或幼蛛在地面土缝、洞穴、杂草根际越冬。

三突花蛛多在棉株、嫩头、蕾花上游猎,特别是 8～9 月份在刚开放的花上较多。这个时期危害花蕾的金刚钻和棉铃虫幼虫以及取食花蜜的蛾、蝶、蝇类等都是它捕食的对象。

(二)保护利用

参照草间小黑蛛、T—纹豹蛛等

二十、茶色新圆蛛

茶色新圆蛛(*Neoscona theisi Mialckenaer*)全国各棉区均有分布,捕食棉铃虫、小造桥虫、棉大卷叶螟、玉米螟、金刚钻等鳞翅目害虫,是棉田重要捕食性天敌之一。

(一)识别特点

雌蛛体长 8 毫米左右。背甲黄褐色,中央及两侧有黑色纵条纹。胸板黑褐色,中央有大的黄条。步足淡黄褐色,有轮纹。腹部卵圆形,背面中央有明显的黄白色条纹,腹面褐色,中央部分(从生殖器后方至纺器)深褐色。

(二)发生规律

1 年发生 2 代,以幼蛛和亚成蛛在卷叶、铃壳和田边土缝越冬,于翌年 5～6 月份成熟,7 月份产下第一代卵。卵孵化后,第一代幼蛛至 9 月间成熟,并产下第二代卵,至 11 月左右,以第二代幼

图 7-15　茶色新园蛛

蛛或亚成蛛越冬。此蛛在棉田发生的数量以后期较多,在棉田腰沟和厢沟的棉株间结成垂直圆网,于傍晚、夜间进行捕食活动。

(三)保护利用

参照草间小黑蛛、T 纹豹蛛。

二十一、T—纹豹蛛

T—纹豹蛛(*Pardosa T—insignita* Boes. et Str.)在南北各棉区均有分布,食性广,是蜘蛛类群中数量仅次于草间小黑蛛的棉田蜘蛛种类。

(一)识别特点

雌雄蛛头胸部背甲中央有黄褐色近似"T"字形纹,所以名 T—纹豹蛛。正中斑两侧有明显的缺刻,两边有黑褐色纵带斑纹,边缘黄褐色。步足黄褐色,有深褐色环纹,多刺。腹部背面暗褐色,有黄色心脏斑,并有"个"字形斑纹。雌蛛外雌器似不倒翁形。雄蛛体长 5～8 毫米,雌蛛体长 7～10 毫米。卵囊灰白色,圆形略扁。

图 7-16　T—纹豹蛛及其初孵若虫

(二)发生规律

1年发生3代。以成蛛、亚成蛛在田埂、路边土缝、洞穴中越冬。抗寒力强,早春活动早,卵盛期分别在4月、7月、8月中下旬,12月底进入越冬。幼蛛孵出后,先群聚于雌蛛背面乳养一段时间,后渐下地分散各处单觅食。无网游猎型,成株多在地面游猎活泼,幼蛛多在棉株上活动。由于其体形大、活动范围广、捕食能力强,对棉田棉蚜、叶蝉、盲蝽、棉铃虫、小地老虎、小造桥虫等均有较强的捕食能力。从棉苗出土到棉花收获在田间均能保持一定的种群数量,在棉田每年有3个数量高峰,分别在7月、8月、9月中下旬,有时5～6月份也有一小高峰。

(三)保护利用

第一,结合高产栽培措施改良土壤,增施农家肥,科学配方施肥。

第二,麦收时留高茬。

第三,尽量减少广谱农药施用次数。

二十二、直伸肖蛸

直伸肖蛸 *Tetragnatha extensa* (*Linnaeus*)捕食叶蝉、棉蚜以及小造桥虫等多种鳞翅目昆虫的幼虫。

(一)识别特点

雌蛛体长8～12毫米,雄蛛体长6～9毫米。背甲黄褐色。前列眼直线,后列眼微后曲。雌蛛螯肢短于胸部之长,其外侧不向内凹,而成直线,螯牙基部外侧无角突,前堤齿8个,后堤齿8～10个。雄蛛螯肢背面刺突尖端不

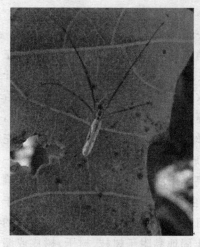

图 7-17　直伸肖蛸成虫

分叉。胸部暗褐色,中央色淡,腹部宽长,背面具有褐色网纹和银色斑,中央一条黑色纵纹,纵纹上有 4 对放射纹向两侧后方斜伸。腹背两侧各有黄金色纵纹一条,基部有两对黑圆点,末端有两对半月形黑斑。步足黄褐色,具刺。腹面中央有一条明显的黑纵带,两侧银色。

(二)发生规律

以亚成蛛在田边、路边土缝中越冬,5 月中旬成熟产卵。卵产在棉叶背面的丝织卵囊内,卵囊圆球形,上有黑斑点,卵囊以丝粘连在棉叶背面。幼蛛孵出后,聚居数日开始分散。在棉田中、后期较多,在棉田腰沟、厢沟和棉株间结水平圆网进行捕食活动。

(三)保护利用

见草间小黑蛛、T—纹豹蛛。

二十三、拟宽腹螳螂

拟宽腹螳螂(*Hierodula saussurei Kirby*)取食蚜虫、飞虱、叶蝉、蝇类及蛾蝶的成虫和幼虫。

(一)识别特点

成虫体长 5.5～7.5 厘米,灰白色至绿色。

(二)发生规律

1年发生1代,以卵在卵鞘内越冬,越冬时间长达6个月左右,于翌年4月相继孵化为若虫。若虫孵化时,从尾端分泌丝质纤维悬挂于卵鞘上,随风摇摆扩散。若虫扩散后,行动活泼,一龄若虫主要捕食蚜虫、飞虱和叶蝉等,二、三龄捕食中、小型蛾及蝇类,四、五龄捕食各种蛾、蝶成虫和幼虫。从若虫到成虫历期90天左右,共蜕皮5次,有6个龄期。成虫于7月份出现,每天上午7～10时、下午3～6时活动,中午高温下则隐而不出。8～9月份雌雄交尾,交尾后,雄虫常常遭到雌虫吞食。10～11月份雌虫产卵于坚硬角质的卵鞘内,每雌一般可产卵鞘1～2个,每个卵鞘有卵约70粒,多的达100余粒。卵鞘牢固地黏附于树枝、树干、树皮或墙壁上。

(三)保护利用

自然利用,也可有组织地动员群众从草丛、林木上采集螳螂卵块,到棉田人工散放。

二十四、寄生菌类(蚜霉菌、白僵菌、绿僵菌等)

在自然条件下,通常可见到的或已被人工生产应用的寄生菌类,如寄生蚜虫的蚜霉菌,寄生鳞翅目幼虫或其他幼虫的白僵菌、绿僵菌、苏芸金杆菌和核多角体病毒等,这些寄生菌在控制棉花害虫的发生危害中起了很大作用。

棉田流行的蚜霉菌优势种为费雷生虫霉 *Entomophthora fresenii Nowakowski*,其扩散的时间和强度关系到当年棉田伏蚜的猖獗程度和持续时间。除了大量寄生于棉蚜外,对豆蚜、花生蚜、高粱蚜、菜蚜等多种蚜虫都能感染,是一种重要的天敌资源。

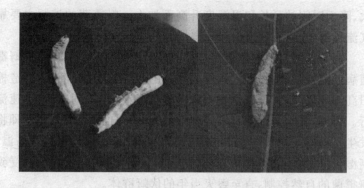

图 7-18　棉铃虫被白僵菌寄生状(左)和被绿
僵菌寄生状(右)(马奇祥摄)

(一)发生规律

在田间通常有翅蚜先感病,经过 1 天左右,在棉叶上两翅平伸而死亡。初期尸体为灰褐色,后为灰色。感病的无翅蚜初期腹部膨大,早晨高湿时体色由灰白逐渐变为棕灰色,很快遭到腐生菌寄生并变为灰色。无翅蚜感病后同有翅蚜一样,腹腔内充满菌丝,体表长满灰色霉状物。尸体由刺人寄主的口针及其分泌物而被固定在叶片背面,并很快产生分生孢子,强烈地喷射出来,继续感染蚜虫群体。在高温、高湿条件下,棉蚜死亡率日递增高达 10%～20%,蚜虫密度迅速下降。棉蚜在有翅蚜阶段的迁飞活动,可以携带大量的蚜霉菌病原物进行传播,从而在一定时期内,导致蚜虫病害的扩散蔓延和流行。蚜虫密度大的棉田遇到蚜霉菌流行时,伏蚜群体可在 5～7 天内被消灭。经验表明,当棉田有 5%左右的蚜虫遭寄生后,田间可停止用药治蚜。

影响蚜霉菌扩散的主要因素是降雨。进入雨季后,若遇连续 4 天以上的降雨天气,雨量达 50 毫米以上,日平均温度 24℃以上时,蚜霉菌即首先在高密度的蚜虫区扩散,其流行强度随降雨量加大、降雨时间的延长和温湿度升高而加大。蚜霉菌的扩散主要靠气流传送,大量有翅蚜的迁飞携带也是其蔓延的重要途径。

蚜霉菌的自然利用仍然是目前最适用的方法。只要掌握蚜霉菌病的流行规律,在进入雨季之前,在棉田通过适时灌水,创造棉田高湿环境,常常可以诱发蚜霉菌提前发生,雨季到来时,迅速流行。再者,夏季连续数日早晨有露水天气时,也预示着蚜霉病即将发生。田间发现5%左右的蚜霉菌寄生蚜虫,并继续保持着高温、高湿天气时,不必再用农药防治伏蚜,伏蚜可以在3~5天内受到蚜霉菌的自然控制,直至毁灭当年的伏蚜群体。

在高温多雨潮湿的季节,常可见到鳞翅目害虫的幼虫被菌类寄生而自然死亡的现象,死亡率一般可达20%~80%左右。白僵菌寄生幼虫后,病菌在虫体内扩展繁殖,幼虫感病后活动减慢,停止取食,慢慢死亡,到病菌占满虫体后,虫体干化变成僵体,并长满白色病菌,即白僵菌。如僵死的幼虫体表为浅绿色病菌所覆盖的则是由绿僵菌引起,它们都是真菌性病原物。细菌性病原物如苏芸金杆菌寄生幼虫后,虫体变软,死亡并膨大,虫体表皮破裂后流出黄白的体液。而核多角体病毒感染后,虫体倒挂死亡,表皮破裂后可流出乳白色或红褐色的昆虫体液。

(二)保护利用

由于寄生菌类防治棉花害虫效果好,在被寄生菌致死的虫体上还能产生大量的寄生菌,并传播扩散,再次感染其他害虫,因此有效期可维持很长时间。

目前工业产品的有效成分,多以每克制剂中苏芸金杆菌的活芽孢数量为单位来计算,近年提倡以国际单位为标准。剂型主要有:150亿活芽孢/克 Bt. 可湿性粉剂,防治棉铃虫(也防治红铃虫、造桥虫)时,每667平方米用150克制剂,对水喷雾。100亿活芽孢/克 Bt. 可湿性粉剂,每667平方米用300~500克制剂,对水喷雾。100 亿活芽孢/克 Bt. 悬浮剂,每 667 平方米用 250～4 000 毫升,对水喷雾。100 亿活芽孢/毫升 Bt. 乳剂,对水 200 倍喷雾。

应用 Bt. 制剂时,由于气候和作物本身的影响,有不少产品在田间的药效稳定性仍不够理想,效果较慢,甚至 Bt. 毒素在田间的杀虫持效性很短;这显然与 Bt. 毒素蛋白受不良环境影响导致迅速降解有关。目前,对保持 Bt. 制剂杀虫活性的研究仍在进行中。现阶段为充分发挥 Bt. 制剂的药效,应用时应注意以下几点:一是针对其速效性差的特点,用药时间应在卵盛期,或仅有少量初孵幼虫、气温高时用药效果更好。二是不要与其他药剂混用,但与其他化学药剂交替使用,可起到增效作用和弥补 Bt. 对幼虫迟效的缺点。三是 Bt. 制剂应保存在低于 25℃ 干燥阴凉处,防止暴晒和潮湿,以免降解变质。四是在养蚕区应用时,注意与蚕及其食料保持一定距离,防止蚕中毒死亡。

金盾版图书,科学实用,
通俗易懂,物美价廉,欢迎选购

棉花高产优质栽培技术		甜菜生产实用技术问答	8.50
（第二次修订版）	10.00	甘蔗栽培技术	6.00
棉花节本增效栽培技术	11.00	橡胶树栽培与利用	13.00
棉花良种引种指导（修		烤烟栽培技术	17.00
订版）	15.00	烟草施肥技术	6.00
特色棉高产优质栽培技		啤酒花丰产栽培技术	9.00
术	11.00	寿光菜农日光温室黄瓜	
怎样种好 Bt 抗虫棉	6.50	高效栽培	13.00
抗虫棉栽培管理技术	5.50	寿光菜农日光温室冬瓜	
抗虫棉优良品种及栽培		高效栽培	12.00
技术	13.00	寿光菜农日光温室西葫	
花生高产种植新技术		芦高效栽培	12.00
（第 3 版）	15.00	寿光菜农日光温室苦瓜	
花生高产栽培技术	5.00	高效栽培	12.00
彩色花生优质高产栽培		寿光菜农日光温室丝瓜	
技术	10.00	高效栽培	12.00
花生大豆油菜芝麻施肥		寿光菜农日光温室茄子	
技术	8.00	高效栽培	13.00
大豆栽培与病虫草害防		寿光菜农日光温室番茄	
治（修订版）	10.00	高效栽培	13.00
油菜芝麻良种引种指导	5.00	寿光菜农日光温室辣椒	
油菜科学施肥技术	10.00	高效栽培	12.00
油茶栽培及茶籽油制取	18.50	寿光菜农日光温室菜豆	
双低油菜新品种与栽培		高效栽培	12.00
技术	13.00	寿光菜农日光温室西瓜	
蓖麻向日葵胡麻施肥技		高效栽培	12.00
术	5.00	蔬菜灌溉施肥技术问答	18.00

现代蔬菜灌溉技术　　　9.00
绿色蔬菜高产100题　　12.00
图说瓜菜果树节水灌溉
　技术　　　　　　　　15.00
蔬菜施肥技术问答(修订
　版)　　　　　　　　　8.00
蔬菜配方施肥120题　　8.00
蔬菜科学施肥　　　　　9.00
露地蔬菜施肥技术问答　15.00
设施蔬菜施肥技术问答　13.00
无公害蔬菜农药使用指
　南　　　　　　　　　19.00
菜田农药安全合理使用
　150题　　　　　　　　8.00
新编蔬菜优质高产良种　19.00
蔬菜生产实用新技术
　(第2版)　　　　　　34.00
蔬菜栽培实用技术　　　32.00
蔬菜优质高产栽培技术
　120问　　　　　　　　6.00
种菜关键技术121题
　(第2版)　　　　　　17.00
无公害蔬菜栽培新技术
　(第二版)　　　　　　15.00
环保型商品蔬菜生产技术　16.00
商品蔬菜高效生产巧安排　6.50
青花菜高效生产新模式　10.00
稀特菜制种技术　　　　5.50
大棚日光温室稀特菜栽培
　技术(第2版)　　　　12.00
怎样种好菜园(新编北方

本·第3版)　　　　　27.00
怎样种好菜园(南方本第
　二次修订版)　　　　13.00
蔬菜高效种植10项关键技
　术　　　　　　　　　11.00
茄果类蔬菜栽培10项关键
　技术　　　　　　　　10.00
蔬菜无土栽培新技术
　(修订版)　　　　　　16.00
图解蔬菜无土栽培　　　22.00
穴盘育苗·图说棚室蔬菜
　种植技术精要丛书　　12.00
嫁接育苗·图说棚室蔬菜
　种植技术精要丛书　　12.00
黄瓜·图说棚室蔬菜种植
　技术精要丛书　　　　14.00
茄子·图说棚室蔬菜种植
　技术精要丛书　　　　12.00
番茄·图说棚室蔬菜种植
　技术精要丛书　　　　14.00
辣椒·图说棚室蔬菜种植
　技术精要丛书　　　　14.00
豆类蔬菜·图说棚室蔬菜
　种植技术精要丛书　　14.00
病虫害防治·图说棚室蔬
　菜种植技术精要丛书　16.00
蔬菜穴盘育苗　　　　　12.00
蔬菜穴盘育苗技术　　　12.00
蔬菜嫁接育苗图解　　　7.00
蔬菜嫁接栽培实用技术　12.00
蔬菜间作套种新技术(北方

本） 17.00

蔬菜间作套种新技术（南方本） 16.00

蔬菜轮作新技术（北方本） 14.00

蔬菜轮作新技术（南方本） 16.00

温室种菜难题解答（修订版） 14.00

温室种菜技术正误100题 13.00

高效节能日光温室蔬菜规范化栽培技术 12.00

名优蔬菜反季节栽培（修订版） 25.00

名优蔬菜四季高效栽培技术 11.00

保护地蔬菜高效栽培模式 9.00

露地蔬菜高效栽培模式 9.00

蔬菜地膜覆盖栽培技术（第四版） 10.00

两膜一苫拱棚种菜新技术 9.50

塑料棚温室种菜新技术（修订版） 29.00

寿光菜农设施蔬菜连作障碍控防技术 13.00

寿光菜农种菜疑难问题解答 19.00

南方菜园月月农事巧安排 10.00

南方蔬菜反季节栽培设施与建造 9.00

南方高山蔬菜生产技术 16.00

南方早春大棚蔬菜高效栽培实用技术 14.00

南方稻田春季蔬菜栽培技术 8.00

南方秋延后蔬菜生产技术 13.00

南方秋冬蔬菜露地栽培技术 12.00

长江流域冬季蔬菜栽培技术 10.00

绿叶菜类蔬菜良种引种指导 13.00

根菜类蔬菜良种引种指导 13.00

瓜类蔬菜良种引种指导 16.00

四季叶菜生产技术160题 8.50

芹菜优质高产栽培（第2版） 11.00

大白菜高产栽培（修订版） 6.00

茼蒿蕹菜无公害高效栽培 8.00

白菜甘蓝类蔬菜制种技术 10.00

红菜薹优质高产栽培技术 9.00

甘蓝类蔬菜周年生产技术 8.00

根菜类蔬菜周年生产技术 12.00

萝卜高产栽培（第二次修订版） 7.00

萝卜胡萝卜无公害高效栽培 9.00

蔬菜加工专利项目精选 13.00

马铃薯栽培技术（第二版） 9.50

马铃薯芋头山药出口标准

与生产技术　　　　　　　10.00

马铃薯高效栽培技术(第
2 版)　　　　　　　　　18.00

马铃薯稻田免耕稻草全程
覆盖栽培技术　　　　　10.00

马铃薯三代种薯体系与种
薯质量控制　　　　　　18.00

马铃薯脱毒种薯生产与高
产栽培　　　　　　　　8.00

魔芋栽培与加工利用新技
术(第 2 版)　　　　　　11.00

山药栽培新技术(第 2 版)　19.00

山药无公害高效栽培　　　19.00

葱洋葱无公害高效栽培　　9.00

大蒜韭菜无公害高效栽培　8.50

葱姜蒜优质高效栽培技术　13.00

大蒜栽培与贮藏(第 2 版)　12.00

大蒜高产栽培(第 2 版)　　10.00

洋葱栽培技术(修订版)　　7.00

菠菜栽培技术(第二版)　　10.00

生姜高产栽培(第二次修订
版)　　　　　　　　　13.00

瓜类蔬菜制种技术　　　　7.50

瓜类豆类蔬菜施肥技术　　8.00

瓜类蔬菜保护地嫁接栽培
配套技术 120 题　　　　6.50

保护地西葫芦南瓜种植难
题破解 100 法　　　　　8.00

精品瓜优质高效栽培技术　11.00

黄瓜高产栽培(第二次修
订版)　　　　　　　　8.00

棚室黄瓜高效栽培教材　　6.00

保护地黄瓜种植难题破解
100 法　　　　　　　　10.00

黄瓜无公害高效栽培
(第二版)　　　　　　13.00

棚室黄瓜土肥水管理技术
问答　　　　　　　　　10.00

黄瓜间作套种高效栽培　　14.00

图说黄瓜嫁接育苗　　　　16.00

大棚日光温室黄瓜栽培
(修订版)　　　　　　13.00

无刺黄瓜优质高产栽培
技术　　　　　　　　　7.50

冬瓜南瓜苦瓜高产栽培
(修订版)　　　　　　8.00

保护地冬瓜瓠瓜种植难
题破解 100 法　　　　8.00

冬瓜佛手瓜无公害高效
栽培　　　　　　　　　9.50

冬瓜保护地栽培　　　　　6.00

苦瓜优质高产栽培(第
2 版)　　　　　　　　17.00

茄果类蔬菜周年生产技
术　　　　　　　　　　15.00

葱蒜茄果类蔬菜施肥技
术　　　　　　　　　　8.00

保护地茄子种植难题破
解 100 法　　　　　　10.00

茄子保护地栽培(第 2 版)　11.00

引进国外番茄新品种及
栽培技术　　　　　　　8.00

保护地番茄种植难题破
解 100 法 10.00
番茄优质高产栽培法(第
二次修订版) 9.00
棚室番茄高效栽培教材 6.00
番茄周年生产关键技术
问答 8.00
棚室番茄土肥水管理技
术问答 10.00
番茄实用栽培技术(第
2 版) 7.00
樱桃番茄优质高产栽培
技术 8.50
西红柿优质高产新技术
(修订版) 8.00
辣椒高产栽培(第二次修
订版) 5.00
辣椒无公害高效栽培 9.50
棚室辣椒高效栽培教材 5.00
辣椒保护地栽培(第
2 版) 10.00
辣椒间作套种栽培 8.00
棚室辣椒土肥水管理技
术问答 9.00
彩色辣椒优质高产栽培

技术 6.00
线辣椒优质高产栽培 5.50
天鹰椒高效生产技术问
答 6.00
寿光菜农韭菜网室有机
栽培技术 13.00
韭菜葱蒜栽培技术(第二
次修订版) 8.00
韭菜间作套种高效栽培 9.00
豆类蔬菜周年生产技术 14.00
袋生豆芽生产新技术
(修订版) 8.00
芦笋高产栽培 7.00
芦笋无公害高效栽培 7.00
野菜栽培与利用 10.00
鱼腥草高产栽培与利
用 8.00
水生蔬菜栽培 6.50
莲藕栽培与藕田套养
技术 19.00
莲藕无公害高效栽培
技术问答 11.00
荸荠高产栽培与利用 7.00
蔬菜加工新技术与营
销 22.00

以上图书由全国各地新华书店经销。凡向本社邮购图书或音像制品,可通过邮局汇款,在汇单"附言"栏填写所购书目,邮购图书均可享受 9 折优惠。购书 30 元(按打折后实款计算)以上的免收邮挂费,购书不足 30 元的按邮局资费标准收取 3 元挂号费,邮寄费由我社承担。邮购地址:北京市丰台区晓月中路 29 号,邮政编码:100072,联系人:金友,电话:(010)83210681、83210682、83219215、83219217(传真)。